人間을 살릴 宇宙에너지

인간 / 우주

蔡璉錫 著

한누리미디어

국립중앙도서관 출판시도서목록(CIP)

人間을 살릴 宇宙 에너지 : 蔡璉錫 著. -- 서울 : 한누리미디어, 2008
p. ; cm

ISBN 978-89-7969-315-7 03560 : ₩12000

대체에너지[代替--]

321.3-KDC4
333.79-DDC21 CIP2008002542

□머리말

電氣의 源泉인 磁石의 磁力

—《自動車가 燃料 없이 달린다》—

磁石의 磁力은 電氣의 根源이자 源泉으로 太陽이 存續하는 限 人類가 永遠히 依支하고 살아갈 수 있을 無公害의 에너지源인 事實이 밝혀지고 있다. 磁石의 磁力이 地球上의 人間을 살릴 未來에너지의 絶對的인 要素로 登場하고 있는 것이다.

石油도 아니고 電氣도 아닌 磁力이 어떻게 人間을 살릴 未來에너지로 登場한다는 말일까?

앞으로 人間이 依支하고 살아갈 수 있을 未來에너지는 오직 太陽에서 供給되는 電氣를 利用하는 方法밖에 달리 道理가 없는 展望인 것이다. 太陽에서 持續的으로 供給되는 電氣以外 다른 要素의 에너지源을 찾을 수 없기 때문이다.

驚天動地의 놀라운 知識이 아닐 수 없지만 太陽에서 供給되는 電氣가 奧妙한 理致에서 磁石의 磁力으로 結合하고 復合되어 貯藏되는 原理가 存在하는 事實이 克明하게 밝혀지고 있다. 앞으로 人類의 生存과 死活이 磁石의 磁力에 左右된다 할 것이다.

百餘年의 歷史를 간직하고 있지만 人間은 이미 磁石의 磁力에 人爲的인 힘을 加하여 磁力을 原狀의 電氣로 粉碎하고 分解시켜 發電해서 生活에 利用하고 있다. 그렇기는 하지만 지금의 發電方式은 動力發電으로 應分의 代價를 支拂해야만 電氣가 生産되는 것이다.

다시 말해 지금의 動力發電은 應分의 代價를 支拂해야 電氣가 生産되는 有償方式이다. 그 뿐만이 아니라 반드시 電線으로 連結해야 使用이 可能한 性格인 것이다. 障碍와 難點의 不便이 따르고 있어 큰 缺點과 隘路를 안고 있다 할 것이다.

따라서 地上을 달리는 自動車와 바다를 航海하는 船舶이나 하늘을 나는 飛行體는 使用이 不可能한 것이다. 그런

理由에서 動力發電의 電氣는 使用하는 데 制限이 따르고 限界가 있다 할 것이다.

이 책은 太陽에서 供給되는 電氣가 地球에 到達하는 瞬間 磁石의 磁力으로 結合하고 復合되어 純粹한 電氣狀態에서 貯藏되는 原理를 明確하게 糾明하고 있다. 電氣가 磁力으로 結合되어 性能을 달리 하는 磁力 成分으로 貯藏되는 結果를 赤裸裸하게 確認하고 있는 것이다.

磁石의 磁力은 電氣의 貯藏庫이고 無限에너지의 寶庫로 人間을 살릴 絶對的인 에너지 要素인 事實을 鮮明하게 糾明하고 있으며 克明하게 確認하고 있는 것이다. 人間社會를 爲해서 多幸한 일일 것이다. 그런데 事物의 理致는 强壓的인 動力을 加하여 磁石의 磁力을 粉碎하고 分解시켜 代價를 支拂하면서 電氣를 生産하는 지금의 動力發電인 方式만이 있을 일이 아니라는 것이다.

動力發電만이 電氣를 生産하는 唯一한 方法이 될 수 없다는 것이다. 지금의 動力發電을 代身하여 代價를 支拂하지 않고 無動力의 間接方式으로 電氣를 無制限 生産할 수 있는 다른 發電方法도 考慮해 볼 수 있다는 것이다.

太陽에서 供給되는 電氣가 磁石의 磁力으로 結合되어 貯藏되는 原理가 있다면 다른 媒介로 自然 分解되는 逆順의 原理도 있을 것이다. 人間은 期必코 이 逆順의 原理를 찾아내야 할 것이다.

人間社會가 그 逆順의 原理를 찾는다면 代價를 支拂하지 않고 無動力으로 電氣의 無限 生産이 可能해지는 것이다. 그때는 人類社會가 所要로 하는 에너지 需要도 不足함이 없이 充當되며 에너지에 對한 걱정도 完全히 解消될 것이다. 人間은 에너지를 걱정할 必要없이 安樂하게 살아갈 수 있게 되는 것이다.

磁力의 無動力 發電이 實現되는 世上이 오면 地上을 달리는 自動車는 스스로 달리면서 電氣를 生産하고 또 發電하면서 서슴없이 달리게 될 것이다. 새로운 世上이 到來하고 變化된 産業時代의 未來社會로 進入하게 될 것이다.

誇大妄想의 精神나간 헛소리도 分數가 있을 일일 것이다.

世上에 燃料 없이 혼자 굴러다닐 自動車가 어느 하늘 아래 存在할 수 있을 일이겠는가 하면서 不問曲直 一蹴하고 否認으로 一貫할지도 모를 일이다. 虛構의 妄發일 뿐 一顧의 價値도 없다 하여 無視하고 外面으로 一貫할 수도 있을 것이다.

그러나 그런 否定的인 視角이나 視覺은 磁力이 形成되는 原理를 모르고 또 그에 對한 知識이 없어서 갖는 疑問일 것이다. 無知의 所致일 뿐 磁力이 形成되는 理致를 알고 나면 敢히 否定으로 一貫할 수 없으며 自然히 肯定하고 首肯하게 될 것이다.

磁石의 磁力이 形成되는 原理가 克明하게 밝혀진 時點에서 누가 어떤 異議를 提起한다 해도 自動車가 스스로 發電하면서 달리게 될 世上은 머지 않을 將來로 臨迫하고 있으며 未久에 다가올 展望인 것이다. 肯定的인 視覺에서 判斷하고 考慮해 보아야 할 것이다. 刮目相對의 要素로 注目해야 할 일일 것이다.

磁石의 磁力이 아니고서는 앞으로 人間社會가 依存하고 利用해서 살아갈 수 있을 어떤 要素의 未來에너지도 없는 것이다. 石油가 枯渴되고 나면 엄청난 危害要素의 存在일 뿐 人間이 利用해서는 안 될 原子力 核發電의 電氣 以外 다른 에너지는 없는 것이다.

窮餘之策의 막다른 골목에서 人間은 水素에너지의 開發에 온갖 努力을 傾注하면서 큰 期待를 걸고 있으며 希望을 갖고 있는 것으로 보인다. 無知의 탓일 뿐 지금 太陽에서 進行하고 있는 水素의 核融合을 人間의 손으로 實現시켜서는 안 된다는 것이다. 그 理由와 原理 또한 이 책은 明確하게 解明하고 있다.

無謀한 일로 人間에 依한 水素의 核融合이 實現될 경우 人類 滅亡의 禍를 自招하게 되며 그런 結果로 이어질 수 있다는 것이다.

磁石의 磁力이 形成되는 原理를 밝혔으며, 無動力 發電의 可能性을 打診하고 提示한 業績을 成就시킨 이 民族은 無動力 發電研究에 總力을 기울여야 할 것이다. 그리고 더욱더 拍車를 加하고 一路 邁進해야 옳을 것이다.

달리 充當하고 依存해서 살아갈 未來에너지의 要素가 없는 마당에 無動力 發電 研究에 全力 投球하고 無限 電氣에너지의 發掘(발굴)로 스스로의 經濟發展(경제발전)도 도모하고 促進(촉진)시키면서 世界(세계)에 貢獻(공헌)하는 業績(업적)도 成就(성취)시켜야 할 것이다.

無動力(무동력) 發電(발전)의 電氣(전기)에너지는 人間(인간)이 永久(영구)이 依存(의존)하고 살아갈 수 있는 萬能(만능)에너지인 事實(사실)을 銘心(명심)할 必要(필요)가 있을 것이다. 人間生活(인간생활)에 더 以上(이상)의 다른 에너지는 必要(필요)없게 되는 것이다.

著者(저자) 識(지)

目 次

⊠ 일러두기

本書《人間을 살릴 宇宙에너지》에는 다음과 같은 세 가지 內容의 要點이 記述되어 있다.

1. 地球上에 石油 다음으로 人間이 依支하고 살아갈 充分한 에너지源의 要素가 가득 차서 充滿하고 있는 原理가 밝혀지고 있는 것이다. 이 에너지源은 太陽이 存續하는 限 永遠히 계속될 性格으로 制限없이 無限量 存在하며 代價를 支拂하는 일 없이 공짜로 그냥 얻어 쓸 수 있는 無公害의 에너지 要素인 것이다. 刮目相對의 에너지 要素일 것이다.

설마 그런 에너지源의 要素가 있을까 싶겠지만 克明한 原理가 밝혀지고 있는 以上 이 民族은 擧族的으로 나서서 事實인가의 與否를 確認해야 할 것이다. 期必코 檢討해 볼 必要가 있는 것이다. 어찌 그러느냐 하면 그 에너지源은 人類의 運命을 바꾸고 左右할 存在일 뿐만이 아니라 이제까지의 旣存 産業構造가 全面改造되고 새로운 産業時代로 進入시킬 要素이기 때문이다.

2. 宇宙의 眞實을 東洋의 物理思想이 새로운 視覺에서 바르게 밝힌《宇宙 回歸論》의 책을 基礎로 하고 根據로 하면 大單位 宇宙村 觀光産業이 育成될 수 있을 뿐만이 아니라 이제까지 經驗하지 못한 森羅萬象의 새롭고 多樣한 宇宙映像産業을 産出시켜 世界를 向해서 跳躍할 수 있을 要素가 있다 하는 것이다.

望外의 地域發展이 促求될 要素이기 때문에《地域 發展問答文》이라 題하고 問答式으로 可能性을 打診하고 있다.

3. 앞의 글이나 內容하고는 全혀 相關이 없어《人間을 살릴 宇宙에너지》란 책 題目하고는 背馳되는 性格이지만 李舜臣의 裏面 秘話로 表現될 수 있는 多少 色다른 內容의 글을 올려놓고 있다.

不得이한 事情에서 올려놓고 있지만 이제까지 世人의 耳目을 集中시킨 일이 없는 李舜臣이 民族을 救하고 나라를 지킨 秘訣과 또 다른 秘策의 斷面을 새로운 視角에서 接하게 되리라 생각되는 것이다.

그 外의 特記할 事項이 있다면《人間을 살릴 宇宙에너지》의 책에서 驅使된 이 民族의 正統文字가 世界의 다른 어떤 文字(문자)하고 견주어도 全(전)혀 遜色(손색)이 없는 훌륭한 文字(문자)일 뿐만 아니라 進一步(진일보)의 더욱 優秀(우수)하고 훌륭한 文字體系(문자체계)로 類例(유례)없는 長點(장점) 또한 具備(구비)하고 있다는 事實(사실)을 證明(증명)하고 確認(확인)시킨 일일 것이다. 어찌 그러느냐 하면 책의 文面(문면)에서 克明(극명)하게 表出(표출)되고 있듯이 漢字(한자)와 한글의 竝行文(병행문)인 이 民族(민족)의 正統(정통) 文字(문자)가 世界(세계)의 다른 어떤 文字(문자)보다도 더욱 表現(표현)이 容易(용이)하고 自由(자유)로우면서 正確(정확)하며 視覺的(시각적)인 理解(이해) 또한 빠르고 쉬우며 明確(명확)하기 때문이다.

이 民族(민족)이 覺醒(각성)하고 새롭게 照明(조명)해야 할 일이겠지만 英語(영어)나 漢字專用(한자전용)의 中國文字(중국문자)보다도 오히려 日就月將(일취월장)의 進一步(진일보)와 長足(장족)의 發展(발전)을 거듭한 참으로 훌륭하며 優秀(우수)하기 이를 데 없는 文字構造(문자구조)를 形成(형성)시키고 있는 것이다.

漢字(한자)와 한글의 竝行文(병행문)인 이 民族(민족)의 正統文字(정통문자)가 그토록 훌륭하고 優秀(우수)한 文字(문자)인가의 與否(여부)가 分明(분명)하게 確認(확인)되어야 할 일이고 民族的(민족적) 課題(과제)로 檢討(검토)되어야 할 性質(성질)일 것이다.

이 民族(민족)의 根本文字(근본문자)이고 正統文字(정통문자)인 漢字(한자)를 버리고 배우지 않아 民族(민족)이 一衣帶水(일의대수)로 不學無識(불학무식)해진 過誤(과오)와 誤謬(오류)를 犯(범)한 잘못은 하루 速(속)히 是正(시정)되어야 마땅할 것이다.

차세대 인류

次世代의 人類에너지

次世代(차세대)의 人類(인류)에너지

—人類(인류)를 救(구)할 새로운 에너지源(원)이 彗星(혜성)처럼 登場(등장)하고 있다—

序論(서론)

地下資源(지하자원)인 石油(석유)가 枯渴(고갈)되어 가는 切迫(절박)한 時點(시점)에서 앞으로 次世代(차세대)의 人類(인류)는 어떤 에너지에 依支(의지)하고 依存(의존)해서 살아갈 수 있을 일이겠는가? 前途(전도)가 寞寞(막막)하고 暗澹(암담)할 뿐 이 時點(시점)에서는 石油(석유)를 代身(대신)해서 地球上(지구상)의 人類(인류)가 依支(의지)하고 살아갈 수 있을 뚜렷한 未來(미래)의 에너지源(원)이 없는 實情(실정)이고 展望(전망)인 게 事實(사실)이다.

그런데 窮則通(궁칙통)의 일인지 次世代(차세대)의 人類(인류)가 必要(필요)로 하는 에너지量(량)을 不足(부족)함 없이 充足(충족)시키면서 더불어 依支(의지)하고 살아갈 수 있을 充分(충분)한 에너지源(원)이 地球上(지구상)에 充滿(충만)되어 存在(존재)하는 事實(사실)이

發見되어 彗星처럼 登場하고 있는 것이다. 絶望으로 彷徨하는 人類를 救濟할 一縷의 希望이 생겼다 할 것이다.

彗星처럼 登場한 그 에너지의 開發 如何에 따라서 人類의 未來와 또 安危가 決定되고 次世代의 에너지 問題를 걱정하지 않아도 될 展望인 것이다. 그렇다면 그 에너지源이 도대체 무엇일까? 다름 아닌 磁石의 磁力인 것이다.

磁石이 發散하는 磁力의 成分은 本人의 著書이고 이미 出刊된《宇宙 回歸論》과《人類를 救할 無限에너지》의 책에서 充分히 糾明되고 明瞭하게 解剖, 分析되어 實體가 赤裸裸하게 解明되고 있다. 그 두 卷의 책에서 拔萃하여 濃縮시킨 글이 바로 여기 올라있는《次世代의 人類에너지》인 것이다.

또《宇宙 回歸論》과《人類를 救할 無限에너지》의 책은 旣存의 宇宙 膨脹說과 같은 宇宙論이나 說과는 全혀 次元을 달리 하고 있는 性格으로 올바른 宇宙의 眞實을 한 치의 誤差도 없이 公明正大하고도 克明하게 밝히고 있다 主張되고 있는 것이다. 이제까지 그 누구도 正確히 밝힌 바 없는

前代未聞의 새로운 宇宙像이 提起되고 있다.

宇宙는 基本的으로 物質과 重力 그리고 太陽이 發散하는 恒星에너지의 세 가지 要素만으로 浮沈이 明滅되며 經營되고 있다. 無邊廣大한 宇宙가 複雜하고 雄壯하게 經營되고 있어도 基本的으로 그 세 가지 以外의 다른 어떤 要素도 存在하지 않는 것이다.

《宇宙 回歸論》의 책은 宇宙를 經營하는 物質의 根源과 重量의 運動을 일으키는 重力의 原理, 나아가 太陽이 빛나는 恒星에너지의 本質을 한 치의 誤差도 없이 明確하고도 明瞭하게 밝히고 있는 것이다. 이 民族이 擧族的으로 나서서 眞實與否를 確認해야 할 性格일 것이다.

어찌 그러느냐 하면 宇宙의 眞實을 바르게 밝힌 일은 人類最大의 知的 業績을 成就시킨 일이 되기 때문이다. 過讚의 말이 아니라 이 民族의 一員이 그런 業績을 成就시키고 있는 것이다.

宇宙는 本質的으로 陰과 陽의 電極素子라 表現될 수 있는 素粒子 以外의 어떠한 成分도 存在하지 않는다는 事實이 밝혀지고 있다. 宇宙의 根本이라 일컬을 수 있는 그 素粒子가

單獨으로 宇宙의 모든 造化를 일으키고 形象을 演出하고 있는 것이다.

그 陰陽 兩極인 素粒子의 相互 活動과 造化의 秩序로 基本物質인 水素가 造成되며 電極素子의 集合으로 生成된 水素가 呼吸하면서 重力을 行使하고 서로를 凝集시켜 天體를 만들어 가고 있다 하는 것이다. 水素의 重力作用으로 만들어진 둥근 天體가 太陽과 같은 核融合을 進行하게 되며 恒星에너지를 發散하면서 宇宙가 빛나고 經營된다는 것이다.

地球上의 元素物質도 例外가 아니며 마찬가지의 性格이겠지만 水素를 除外한 宇宙空間의 모든 元素物質은 水素의 核融合 過程에서 恒星에너지를 放出한 水素의 殘骸物인 中性子가 結合하여 造成시킨 結果의 産物인 事實이 確認되고 있다. 中性子가 元素物質을 造成하고 있다니 놀라운 일이 아닐 수 없는 것이다.

이제까지의 論調는 어디까지나 一般人이 理解하기 힘든 學問次元의 問題이지만《宇宙 回歸論》의 책 속에는 無視하고 等閑히 看過되어서는 안 될 産業 生産性의 重要한 內容과

要素가 있다 하는 것이다.

새로운 宇宙의 眞實을 밝힌 宇宙像은 無限한 映像産業과 함께 未來指向의 觀光産業을 創出하여 世界로 跳躍하면서 이 나라는 勿論이고 落後된 地域社會를 飛躍的으로 振興發展시킬 刮目相對의 新世界가 潛伏 內在되고 있는 것이다.

그런 於間의 事情과 理由 때문에 斯案의 理解를 돕기 爲하여《宇宙 回歸論》의 著者와 KCN 금강放送의 ○○○아나운서 間에 對談과 問答이 交換되면서 解說이 試圖된 것이다.

《次世代의 人類에너지》의 글과《地域發展 問答文》이 社會에 寄與되기 爲해서는 반드시 책으로 發行되고 出刊되어 人口에 膾炙되면서 理解를 求하고 協助의 必要性이 要望되며 提起되고 있었으나 原稿紙의 枚數가 不足하여 책으로 發行되기에 未洽함이 있었다.

於間의 事情이 그와 같았음으로 그런 缺陷을 補完하고 한 卷의 冊子로 發行하기 爲해서 앞의 글과는 全혀 相關이 없으며 無關한 內容이지만 不得이 《李舜臣의 戰死 推考》를 追加하기에 이르렀다. 多少 色다른 內容의 知識으로 여러 사람이 읽으면 도움이 되지 않을까 생각되었기 때문이다.

《次世代의 人類에너지》의 글과《地域發展 問答文》이 根據가 되고 動機가 되어 이 나라와 이 고장을 새로운 宇宙의 眞實, 즉 物質의 根源과 重力의 原理, 나아가 恒星에너지의 本質을 正確하고도 克明하게 밝힌 學問의 發祥地로 빛나게 할 수도 있을 것이다.

宇宙의 眞實을 밝힌 學問의 發祥地를 基礎로 하여 이 고장에 人類의 次世代에너지를 解決할 硏究가 進行되고 開發될 團地가 誘致되고 造成된다면 이 고장이 名實相符 次世代에너지를 硏究 開發할 中心地로 浮上할 수도 있을 것이다. 그런 경우 이 나라는 勿論이고 長足의 地域發展이 成就될 未來를 展望하게 될 수도 있을 것이다.

한편 새롭게 糾明된 宇宙의 眞實에 立脚한 宇宙 哲理館이 이 고장에 세워진다면 學問의 發祥地로 빛낼 뿐만 아니라 大規模의 新種 觀光産業을 育成시키고 進一步하여 새로운 次元의 宇宙 映像産業을 振興시키면서 輸出로 世界를 向하여 跳躍하게 될 수도 있을 것이다.

이 나라와 이 民族은 물론이고 이 고장의 地域發展이 크게 振作될 壯途에 오르고 寄與될 展望으로 默殺되고 無視되어서는 안 될 性格이다 싶어 이 책을 發行하기에 이르른 것이다.

枯渴되어가는 石油

枯渴이 臨迫하고 있는 石油를 代身해 次世代의 人類가 依支하고 살아가기에 充分하면서 不足함이 없는 새로운 에너지源이 彗星처럼 登場하고 있다.

果然 人類社會가 必要로 하는 에너지 需要를 充足시키고 더불어 救濟할 그런 要素의 에너지源이 정말로 있을까? 에너지 枯渴로 窒息할 것만 같은 人類를 救濟하고 起死回生시킬 그런 理想的인 에너지源이 정말로 存在할 수 있을 일이며, 있다면 그 에너지源이 도대체 무엇이고 어떤 要素일까?

人類社會는 뚜렷한 展望이 없고 不透明하기만한 次世代의 에너지 問題로 苦悶하며 不安에 떨고 있다. 戰戰兢兢 애태우고 있는 것이다. 未來의 에너지 問題는 人類의 存亡과 死活에 直結되는 重要한 事項이고 要素인 만큼 焦眉의 危急之事가 아닐 수 없을 것이다. 점점 不安이 高潮되고 加重되는 銳敏한 問題이어서 至大한 關心事가 아닐 수 없을 것이다.

지금 人間은 全的으로 石油에너지에 依存하여 살아가고 있다 해도 지나친 말이 아닐 것이다. 그 만큼 石油는 人間生活에서 큰 比重을 占하고 있다.

石油는 地下資源으로 地球의 環境을 劣惡하게 惡化시키고 破壞하면서 여러 가지 公害를 誘發시키는 根源이기도 하다. 石油가 地球의 汚染을 加重시키고 助長하며 破壞하는 源泉이고 主犯임에도 不拘하고 人間들은 울며 겨자 먹기로 어찌할 수 없이 그 石油에 依存해서 살아가고 있는 것이다. 스스로의 墓穴을 파면서도 道理 없이 그 石油에 依支해서 살아가고 있다 해도 過言이 아닐 것이다.

公害를 誘發하고 汚染을 加重시키면서 生物의 滅亡을 재촉하는 그런 性格의 石油이기는 하지만 그 石油마저도 머지 않은 將來로 枯渴이 臨迫하고 있는 것이다. 石油가 枯渴되고 나면 앞으로 人間社會는 어떤 에너지에 依存하고 依支하며 살아갈 수 있을 일이겠는가? 切迫한 時點인지라 근심 걱정이 泰山처럼 쌓이고 여간 憂慮되는 바 아닐 것이다.

사람들은 우선 살기도 고달프고 어려운데 먼 將來까지 내다보면서 생각할 餘裕가 있겠는가 할 수도 있을 것이다. 그러나 그리 멀지 않을 未久에 現實로 닥칠 切迫한 問題이어서 아무래도 心亂하기만한 일이 아닐 수 없을 것이다.

分明한 일은 地下資源인 石油는 그리 오래 갈 性質이 아니며 머지 않은 將來에 枯渴되어 갈 것이다. 地球의 環境도 極度로 惡化되어 命이 頃刻에 달려 있고 더 以上 견딜 수 없다고 斷末魔의 悲鳴을 지르고 있는 것이다.

汚染의 根源이고 人間이 無分別하고도 知覺 없이 함부로 파서 쓰는 石油마저도 早晩間 枯渴되어 갈 運命인 것이다. 그런 結果는 明若觀火한 現實로 다가올 것이다. 그런 時代의 到來는 目前으로 臨迫해서 다가오고 있다 展望되는 것이다.

人類社會는 水素에너지 等 여러 가지 代替에너지의 開發

에 안간힘을 기울이면서 온갖 努力을 傾注하고 있다. 그러나 總力을 기울이고 있음에도 不拘하고 苦心만 쌓여갈 뿐 이렇다 할 成果가 없는 것이다. 이 時點에서는 前途가 不透明하고 暗澹할 뿐 이렇다 할 希望의 要素가 보이지 않고 있는 現實인 것이다.

次期 에너지 需要를 充足시키고 堪當할 만한 뚜렷한 代替 에너지源이나 要素가 發見되고 있지 않아 人類社會의 未來가 五里霧中으로 不透明할 수밖에 없는 것이다. 暗澹한 現實이고 不安하며 絶望스러운 앞날이 아닐 수 없는 것이다.

사실 地球上에는 石油를 代身하고 代替하여 次世代의 人類가 依存해서 살아갈 만한 뚜렷한 에너지源이 없는 것이다. 石油를 代身하여 人間이 依支하고 살아갈 만한 이렇다 할 希望의 에너지 要素가 發見되고 있지 않아 絶望스러운 人類의 未來가 아닐 수 없을 것이다.

電氣에너지가 있긴 하지만 有用하게 쓰이는 電氣도 그냥 얻어지는 性格이 아닌 것이다. 强壓的인 動力을 加해야 生產이 可能한 에너지인 것이다. 强壓的인 手段方法을 加해야 얻어지는 에너지인 만큼 應分의 代價를 支拂해야 할 難点이 있고 隘路와 苦衷이 따르는 것이다.

그 뿐만이 아닌 것이다. 지금 얻어 쓰는 電氣에너지의 大部分이 可恐한 危害를 加해 오는 要素로 核分裂 物質인 우라늄 元素를 利用한 原子力 核發電에 依해 生産되고 있는 것이다.

核分裂 物質인 우라늄 元素를 使用하여 電氣를 生産하는 原子力 核發電의 경우 放射能으로 呼稱되는 中性子로 해서 생기는 危險要素가 너무도 크고 많은 것이다. 中性子는 모든 生物을 無差別 殺傷하고 危害를 加해 오는 可恐한 要素인 것이다.

그런 理由로 해서 動力發電의 電氣에너지가 石油 다음의 人類社會가 必要로 하는 에너지 需要를 充足시키고 解決해 주기에는 力不足이고 未洽한 側面이 拂拭되지 않는다 할 것이다. 動力發電의 電氣에너지가 次期에너지를 充當시킬 수 없다는 結論에 到達하게 되는 것이다.

그런가 하면 動力發電의 電氣에너지는 또 다른 缺陷의 側面도 内抱하고 있다. 반드시 電線으로 連結되어야만 使用이 可能한 것이다.

動力發電의 電氣에너지는 電線으로 連結하고 傳達해야 使用이 可能하기 때문에 固定된 場所가 아닌 流動體는 使用할 수 없는 不便이 따르는 것이다. 달리고 날아다니는 自動車와 船舶이나 飛行物에는 使用할 수 없으며 利用할 수 없다는 缺點이 따르고 있는 것이다. 그런 理由에서 動力發電의 電氣에너지는 人類가 依支하고 살아갈 수 있는 完璧한 에너지로 表現될 수 없을 것이다.

그런 缺陷으로 해서 動力發電의 電氣에너지는 未來의 人類社會가 所要로 하는 에너지를 完全無缺하게 充足시키고 解決해 주기에는 亦是 力不足이고 未洽한 側面이 있다 할 것이다. 次世代의 에너지를 堪當하고 充足시킬 要素를 十分 具備하고 있지 않은 것이다.

그렇다면 石油가 枯渴되고 난 以後 60億에 達하는 地球上의 人口는 도대체 어떤 에너지에 依存하고 依支해서 살아갈 것인가? 몹시 우울하고 暗澹한 現實이고 未來가 아닐 수 없을 것이다. 에너지 戰爭 等 人類의 社會的 混亂으로 이어지지 않는다 斷言할 수 없고 壯談할 수 없을 것이다. 人類 社會

의 安寧(안녕)이 保障(보장)되지 않을 경우도 假想(가상)되며 無視(무시)할 수 없고 排除(배제)되지 않을 것이다.

지금으로서는 次期(차기)에너지의 解決策(해결책)에 對(대)한 이렇다 할 뚜렷한 展望(전망)이 없는 것이다. 次世代(차세대)의 에너지 問題(문제)는 人類(인류)의 未來(미래)와 安危(안위)에 關係(관계)되는 重要(중요)한 事項(사항)으로 至大(지대)한 關心事(관심사)가 아닐 수 없을 것이다. 이렇다 할 뚜렷한 展望(전망)이 없는 이 時點(시점)에서 여간 難堪(난감)하고 困惑(곤혹)스러운 일이 아닐 수 없는 것이다.

彗星(혜성)처럼 登場(등장)한 새로운 에너지源(원)

窮則通(궁칙통)의 일인지 人類(인류)를 救濟(구제)할 새로운 에너지源(원)이 彗星(혜성)처럼 登場(등장)하고 있다. 窮(궁)하면 通(통)한다는 俗談(속담)처럼 하늘이 무너져도 솟아날 구멍이 있는 모양이다.

地球上(지구상)의 人類歷史(인류역사)와 文化(문화)를 꽃피운 人間(인간)은 어떻게 하든 持續的(지속적)으로 承繼(승계)되고 維持(유지) 保存(보존)되어 地球(지구)를 保護(보호)해야 할 것이다. 그런 使命(사명)을 完遂(완수)하라는 뜻인지 次世代(차세대)의 人類(인류)가 救濟(구제)

받을지도 모를 驚天動地의 놀라운 에너지源이 彗星처럼 登場하고 있는 것이다.

彗星처럼 登場했다기 보다는 困境에 處한 人類를 救濟할 에너지源의 새로운 要素와 原理가 發見되었다고 그렇게 表現되어야 穩當할 것이다. 人類가 救援될 一縷의 希望이 생겼다 할 것이다.

人類가 救援받을지도 모를 새로운 에너지源이 있다면 그 要素가 도대체 무엇일까? 그런 要素의 에너지源이 存在하는 게 事實이라면 人類社會의 未來는 希望이 있고 밝은 展望이라 할 것이다.

그 에너지源은 우선 地球를 滿身瘡痍로 더럽히면서 病들게 하고 窒息시키는 石油처럼 汚染과 公害를 全혀 隨伴하지 않을 要素인 것이다. 뿐만 아니라 太陽이 存續하는 限 永久히 持續될 性格으로 永遠한 에너지源으로 表現되어 마땅할 것이다. 理想的인 無限量의 에너지源으로 서로가 獨占하겠다고 아옹다옹 싸우고 다툴 必要가 없는 것이다.

地球上의 人類가 代代孫孫 共有하고 共存하며 依支하고 살아가기에 充分한 無公害의 에너지源이 地球에 가득히 차서 無限量으로 充滿하고 있는 原理가 發見되고 있는 것이다. 더 以上 바랄 나위 없이 理想的인 에너지 要素라 할 것이다.

人類가 救濟받을 大端히 瑞氣로운 에너지 源이고 希望的인 에너지 要素가 아닐 수 없을 것이다. 그 에너지源은 量에 制限 받지 않고 無限量으로 存在하며 代價를 支拂해야 하는 動力 發電이 아닌 無動力의 無償으로 生産될 電氣에너지인 것이다. 俗된 말로 공짜로 얻어 쓸 수 있는 電氣에너지인 것이다.

“精神나간 소리도 분수가 있지 世上에 공짜인 無動力의 無償으로 얻어 쓸 수 있을 電氣에너지가 어디 있겠느냐” 疑訝해 하면서 反問할 것이다. 이 時點에서는 그런 世上이 반드시 到來하고 現實化된다 斷言할 수야 없을 것이다.

그러나 實現與否하고는 相關 없이 原理와 理論上으로는 分明히 存在하는 에너지 要素인 것이다. 때와 場所에 拘碍받지 않고 언제 어느 곳에서든지 自由自在로 自家發電이 可能하고 所要되는 充分한 에너지를 無償으로 生産하고 制限 없이 얻어 쓸 수 있는 電氣에너지인 것이다.

人間이 지금의 動力發電을 대신해서 無動力의 無償으로

生産되는 이 電氣에너지를 研究 開發하는 데 成功하고 自由롭게 얻어 쓸 수 있을 때 人類社會는 더 以上 에너지에 對한 걱정을 할 必要가 없을 것이다. 어찌 그러느냐 하면 太陽이 存續하는 限 人類社會는 앞으로 無動力 發電의 無償으로 얻어지는 無公害의 無限 電氣에너지에 依支하여 永遠히 또 安樂하게 살아갈 수 있을 일이기 때문이다. 萬一 그런 豊富하고 劃期的인 에너지源이 現實的으로 地球上에 가득 차서 充滿하고 存在한다면 얼마나 多幸스럽고 좋은 일이겠는가? 가슴을 쓸어내리면서 安堵의 한숨을 쉬게 할 그 以上의 좋은 일이 없을 것이다. 바랄 나위 없이 좋은 일일 것이다.

그러나 그런 憧憬해 마지 않을 恍惚境의 꿈같은 에너지源의 要素가 이 世上의 어느 곳에 存在할 일이겠는가 半信半疑의 疑訝한 表情을 감추지 못할 것이다. 지금 누구를 嘲弄하며 놀리고자 하는 것이냐 할 수도 있을 일일 것이다.

그렇다면 困境에 處한 人類를 救濟할지도 모를 그와 같은 理想的인 에너지源의 根本이 도대체 무엇일까? 사람들을 眩惑시키려는 誇大妄想의 空虛하고 虛荒된 말이 아니고 實存의 에너지源이며 未來의 人類를 救援할 要素인지 그

與否가 먼저 明確하게 밝혀져야 할 것이다.

當然히 그 에너지의 實存과 根本이 무엇인지 眞實이 赤裸裸하게 確認 糾明되고 證明되어야 할 것이다.

아무런 代價를 支拂하지 않고 地球上의 人間이 永久히 依支하고 살아가기에 充分하며 不足함이 없는 豊富한 에너지를 無償으로 얻어 쓸 수 있다는 無公害의 無限에너지란 도대체 무엇이고 어떤 根源의 에너지 要素란 말일까? 果然 喜悅에 넘칠 그런 에너지 要素가 정말로 地球上에 充滿하고 가득 차서 存在한다는 말일까?

電氣의 結合體이고 複合體인 磁力

去頭切尾하고 結果부터 말한다면 窮地에 몰려 困惑스럽고 難堪하기만한 人類를 救濟할 無公害의 無限에너지란 다름 아닌 磁石의 磁力에너지인 것이다.

磁石의 磁力이 石油 다음의 次世代에너지를 充足시키고

解決해 줄 唯一한 存在로 浮上하고 彗星처럼 登場하고 있는 것이다. 人類社會는 磁石이 發散하는 磁力의 原理를 理解하고 次世代에너지를 克服 解決할 一縷의 希望을 이 磁力에너지에 걸어 보아야 할 것이다.

現實的으로 人間은 磁石의 磁力場에 強壓的인 手段의 動力을 加하여 電氣를 生產해서 要緊하게 生活에 利用하고 있다. 지금 人間이 電氣를 生產하는 方法이 動力發電인 것이다.

人間社會가 動力發電의 電氣를 生產하여 利用하게 된 지도 於焉間 百年이 훨씬 넘는 歲月이 흐르고 있지만 그러나 磁石의 磁力이 어떤 原因에서 생기는지 磁力이 存在하는 理由와 原理를 사람들은 理解하고 있지 않으며 모르고 있는 것이다.

泰山 鳴動 鼠一匹이라더니 금세 當代 發福으로 人類를 살릴 것처럼 사람들을 잔뜩 緊張시키면서 巨創한 너스레와 호들갑을 떨고 나온 結果가 겨우 磁石의 磁力이란 말인가 하면서 失望을 감추지 못한다 할 것이다. 그러나 그건 磁力의 本質을 모르고 하는 不滿이고 不平이지 磁石이 發散하는

磁力의 根本과 原理를 알고 나면 그런 失望은 一擧에 解消되고 霧散될 것이다.

磁石의 磁力이야말로 次世代의 人類를 救援할 唯一한 希望이자 決定的인 에너지 要素로 浮上하여 登場하고 있는 것이다. 平凡한 것 가운데 眞理가 있으며 磁石의 磁力에너지가 아니고서는 앞으로의 人類가 依支하고 살아나갈 다른 에너지 要素가 없는 것이다.

磁石의 磁力은 人間世上에서 多角的인 用度로 쓰이고 있는 너무도 잘 알려진 領域의 知識일 것이다. 至極히 平凡한 이야기에 지나지 않을 것이다. 그러나 磁石의 磁力이야말로 未來의 人類가 依存하고 依支하며 살아갈 수 있을 唯一하고도 貴重한 存在로 絶對的인 에너지源의 要素인 것이다.

磁石의 磁力이 形成되는 原理와 磁力의 本質을 알고 나면 敢히 否認만으로 一貫할 수 없게 될 것이다. 一方的으로 否定할 수 없으며 首肯하고 肯定하게 될 것이다.

다시 한 번 敷衍 說明한다면 平凡하기만한 磁石의 磁力이 人類의 未來를 左右할 決定的인 에너지要素로 浮上하여

登場하고 있는 것이다. 磁石의 磁力이 次世代가 必要로 하는 에너지를 充足시키면서 人類를 救濟할 唯一한 希望의 要素로 登場하고 있는 것이다.

磁石의 磁力은 外觀上으로야 南北의 兩極方向을 가리키는 그저 平凡한 性格만을 表出시키고 있다. 그러나 磁力의 本質은 外觀上의 경우와는 判異하게 單純한 性格이 아니며 平凡한 存在가 아닌 것이다.

놀라운 일이지만 磁石의 磁力은 太陽으로부터 오는 電氣의 結晶體로 오로지 電氣의 結合體인 性能이 確認되고 있다. 磁石의 磁力은 다름 아닌 純粹한 電氣의 複合體로 電氣의 덩어리이고 에너지의 寶庫인 事實이 確認되었으며 證明되고 있는 것이다. 磁石의 磁力은 太陽에서 오는 電氣의 貯藏庫인 것이다.

이 글을 쓰는 筆者는《宇宙 回歸論》과《人類를 救할 無限에너지》란 책을 世上에 내놓은 바 있다. 그 두 卷의 책에서 宇宙의 새로운 眞實과 또 磁力의 本質을 밝히는 原理가 仔細하고 昭詳하게 分析되어 解明되고 있는 것이다. 磁石의

磁力에서 어떤 原因과 무슨 理由로 電氣가 發生하고 生産되는가 하는 原理가 具體的으로 說明되고 있는 것이다.

人間은 이미 百餘年 前부터 磁石의 磁力場에 動力을 加하여 電氣를 生産하고 있다. 人爲的인 動力을 加하고 發電하여 電力을 얻는 경우로 지금의 動力發電 方式인 것이다. 지금의 動力發電은 應分의 代價를 支拂해야만 電氣가 生産되는 有償方式이다.

지금 人間社會는 動力發電으로 電氣를 生産하여 要緊하게 쓰고는 있지만 그러나 磁石의 磁力에서 어찌하여 電氣가 發生하고 生産되는지 그 原理를 사람들은 모르고 있다. 다만 經驗으로 磁石의 磁力場에서 電氣가 發生하고 生産된다는 結果만을 알고 있을 뿐인 것이다.

電氣가 生産되는 發電原理에서 確認되며 證明되고 있듯이 磁石의 磁力場에 쇠칼로 上下 反復하여 치면서 攪亂하고 混亂시키면 電氣가 發生하고 이를 陰과 陽의 兩極으로 誘導하면 電氣가 生産된다.

이렇듯 磁石의 磁力場에서 電氣가 發生하고 生産되는

理由가 무엇이고 原因이 무엇일까? 어찌하여 磁石의 磁力場에서 電氣가 생기는 現象이 일어나느냐 하는 것이다. 奇異한 結果가 아닐 수 없을 것이다.

磁石의 磁力에서 電氣가 發生하는 原因은 磁力이 電氣의 結合體이고 複合體라는 事實을 雄辯으로 證明하고 있다 할 것이다. 磁石의 磁力이 쇠를 媒介로 한 外部의 衝擊과 刺戟 때문에 本是의 電氣로 分解되고 分離된다는 理致가 될 것이다.

磁石의 磁力이 무슨 魔法의 魔力이 있어 電氣가 生産되는 일이 아닌 것이다. 磁石의 磁力이 本是 太陽에서 供給되는 電氣의 結合體이고 複合體이기 때문에 强壓的인 힘으로 攪亂되고 分解되어 電氣가 發生된다 解釋할 수밖에 없을 것이다.

이는 지금 人間이 利用하고 있는 動力發電의 原理로 規定할 수 있을 것이다. 動力發電의 現象에서 磁石의 磁力이 電氣의 結合된 複合體로 電氣의 變質된 成分이라는 事實이 如實하게 確認되고 證明된다 할 것이다.

磁石의 磁力은 太陽에서 오고 있는 電氣의 結合된 複合體

로 電氣의 變質된 形態인 事實이 明確하게 證明되고 있는 것이다. 그런 結果에서 磁石의 磁力은 人間이 利用할 수 있는 에너지의 덩어리이고 寶庫라 할 것이다.

無動力 發電의 電氣에너지

産業을 發達시키고 人間生活에 有用하게 쓰이는 電氣는 動力發電으로 生産된다. 지금의 動力發電은 반드시 應分의 代價를 支拂해야만 生産되는 것이다. 動力發電은 水力, 火力이 있으며 또 原子病을 일으키는 恐怖의 對象으로 可恐한 核分裂 物質인 우라늄 元素를 利用한 原子力 核發電 等 여러 가지 種類가 있다.

動力發電의 경우 電力生産에 比例하고 相應하는 應分의 代價를 支拂해야만 電力을 얻게 되는 것이다. 動力을 加해야 電氣에너지를 얻게 된다는 結果에 問題가 따르고 있는 것이다. 電氣를 얻는 데 代價를 支拂하는 게 當然한 일이 아니겠는가 할 수도 있을 것이다.

如何間(여하간)에 지금의 動力發電(동력발전)은 代價(대가)를 支拂(지불)하는 非效率的(비효율적)인 動力(동력)을 加(가)해야 電氣(전기)가 生産(생산)된다는 難点(난점)이 있다. 負擔(부담)이 되고 苦悶(고민)이자 隘路(애로)가 아닐 수 없을 것이다. 電氣(전기)를 生産(생산)하는 데 반드시 代價(대가)를 支拂(지불)하게 되는 動力(동력)을 加(가)해야 하는 方法(방법)만이 있을까?

孟子(맹자)의 四端(사단) 가운데 是非之心(시비지심)은 智之端也(지지단야)라는 句節(구절)이 있다. 是非(시비)를 따져 보는 일이 智慧(지혜)의 捷徑(첩경)으로 端緖(단서)가 될 수 있다는 것이다. 或是(혹시) 代價(대가)를 支拂(지불)하는 動力(동력)을 加(가)하지 않고도 電氣(전기)를 生産(생산)하여 얻어 쓸 方法(방법)이 없을까 하는 것이다.

無動力(무동력)의 공짜인 無償(무상)으로 電氣(전기)를 生産(생산)하여 얻어 쓸 方法(방법)이 없을까? 虛荒(허황)되고 荒唐(황당)한 말 같지만 智慧(지혜)를 얻기 爲(위)하여 한 번쯤 是非(시비)를 걸어 보아야 할 일일 것이다.

世上(세상)에 廉恥(염치)없는 일도 분수가 있지 不勞所得(불로소득)의 공짜가 어디 있겠느냐 하면서 別(별) 破廉恥(파렴치)한 얌체도 다 있다 詰難(힐난)할지 모를 일이다. 아무리 에너지가 窮(궁)한 處地(처지)이기로서니 그래도 그렇지 電氣(전기)를 代價(대가) 없이 공짜로 얻어 쓰겠다는 發想(발상)은 아무래도 語不成說(어불성설)의 妄發(망발)로 言語道斷(언어도단)이라 할 수도 있을 것이다.

모르면 밥값을 내지 말라 했는데 정말로 그럴까? 필경 讀者(독자)와 筆者(필자) 가운데 어느 한쪽은 妄想(망상)에 陶醉(도취)되고 錯覺(착각)에 빠져 있을 것이다. 果然(과연) 電氣(전기)를 代價(대가) 없이 공짜로 얻어 쓰겠다는 着想(착상)이 錯覺(착각)이고 虛荒(허황)된 妄發(망발)에 지나지 않을까 하는 것이다.

그러나 事物(사물)의 理致(이치)란 반드시 固定(고정)되어 있을 일도 아니어서 電氣(전기)를 生産(생산)하는 데 꼭 動力(동력)을 加(가)해야 된다는 方式(방식)만 있을 일도 아닐 것이다. 한 번쯤 動力(동력) 以外(이외)의 다른 發電方式(발전방식)을 考慮(고려)해 보는 일도 意義(의의)있는 일이 아닐까 생각되는 것이다.

이 時點(시점)에서 된다 안 된다의 可否(가부)를 壯談(장담)하고 斷言(단언)할 수야 없을 것이다. 그러나 原理上(원리상)으로는 動力(동력)을 加(가)하는 代價(대가)를 支拂(지불)하지 않고 無動力(무동력)의 無償(무상)으로 無限(무한)의 電氣(전기)에너지를 自由自在(자유자재)로 얻어 쓸 수 있을 方法(방법)이 있는 것으로 보인다. 그런 可能性(가능성)이 全的(전적)으로 排除(배제)되지 않으며 어쩌면 電氣(전기)를 공짜로 얻어 쓸 수 있을 希望(희망)이 있는 것으로 보인다. 그러니까 人類(인류)가 救濟(구제)될 與望(여망)이 拂拭(불식)되지 않는 것이다.

代價(대가)를 支拂(지불)하지 않고 공짜로 마음껏 電氣(전기)에너지를 얻어 쓸 수 있게 된다면 얼마나 多幸(다행)한 일일까? 時時刻刻(시시각각)으로 목을 죄며 壓迫(압박)해 오는 人類(인류)의 切迫(절박)한 에너지 事情(사정)도 解消(해소)되고 完全(완전)히 解決(해결)될 것이다. 되고 안 되고를 且置(차치)하고 人類(인류)를 救濟(구제)할지도 모를 에너지源(원)이 存在(존재)한다는 事實(사실)만으로도 우선 慰安(위안)이 되고 希望(희망)이 아닐 수 없을 것이다.

물에 빠진 者(자) 지푸라기인들 움켜잡지 않을 일이겠는가? 그럴 可能性(가능성)이 있는 것만으로도 人間(인간)에게 無限(무한)한 期待(기대)와 希望(희망)을 갖게 하는 大端(대단)히 祥瑞(상서)롭고 鼓舞的(고무적)인 일이 아닐 수 없을 것이다. 瑞光(서광)이고 朗報(낭보)일 것이다.

그러나 無動力(무동력) 發電(빌전)이 단지 希望事項(희망사항)에 머물고 말 要素(요소)일까? 아닌 것이다. 充分(충분)히 實現(실현)될 可能性(가능성)이 있는 大端(대단)히 希望的(희망적)인 要素(요소)인 것이다.

次世代(차세대)의 에너지 問題(문제)로 苦心(고심)하며 戰戰兢兢(전전긍긍) 애태우면서 絶望(절망)에 허덕이고 있는 人間(인간)에게 아무런 代價(대가)를 支拂(지불)하지 않고 無動力(무동력)의 無償(무상)으로 얻어 쓸 수 있을 것이라는 無限(무한)에너지의 存在(존재)는 우선 큰 기쁨이요 希望(희망)이 아닐 수 없을 것이다. 人類(인류)를 救援(구원)하게 될지도 모른다는 無動力(무동력) 發電(발전)은 試圖(시도)해 볼 充分(충분)한 價値(가치)가 있으며 意義(의의)가 있을 것이다.

만약 磁石의 磁力場에 動力을 加하여 電氣를 生産하는 지금의 動力發電이 아닌 電子回路의 間接的인 技術方式으로 磁場을 攪亂하고 電氣로 分解 誘導하여 電氣를 生産할 수 있게 된다면 어떤 結果가 導出될 수 있을까? 그러니까 電子回路의 技術的인 方法으로 磁石의 磁力을 本是의 電氣로 分解시켜 無限量의 電氣에너지를 無償으로 生産할 수 있게 된다면 어떻게 될 것일까 하는 것이다.

全혀 代價를 支拂하지 않고도 必要한 電氣에너지를 無限量으로 生産할 수 있다는 理致가 될 것이다. 大望의 電氣에너지를 공짜인 無償으로 制限 없이 生産할 수 있게 되며 人類의 에너지 需要를 充足시키고 苦悶을 解消할 수 있다는 論理가 될 것이다.

그 뿐만이 아니라 때와 場所에 拘碍받지 않고 언제 어느 곳에서든지 無動力 發電이 可能하기 때문에 必要한 量의 電氣에너지를 自由롭게 生産하고 任意로 얻어 쓸 수 있게 되는 것이다.

電氣를 動力을 加하지 않는 無動力으로 때와 場所에 拘碍받지 않고 언제 어느 곳에서든지 自由롭게 生産할 수 있다는 뜻은 어떤 結果(결과)를 招來(초래)하게 될 것일까? 희한한 일로 地上(지상)을 달리는 自動車(자동차)가 스스로 發電(발전)하면서 달리고 달리면서 發電(발전)하고 電氣(전기)를 生產(생산)하게 된다는 理致(이치)가 될 것이다.

全(전)혀 想像(상상)할 수 없었던 새로운 世上(세상)의 到來(도래)가 豫告(예고)되고 있다 할 것이다. 정말로 그런 世上(세상)이 올까?

비단 地上(지상)을 달리는 自動車(자동차)와 汽車(기차)에 局限(국한)될 性質(성질)이 아닐 것이다. 바다를 航海(항해)하는 船舶(선박)이나 또 하늘을 날아다니는 飛行體(비행체)도 例外(예외)가 아니어서 燃料(연료)를 들이지 않고 無動力(무동력) 發電(발전)의 電氣(전기)에너지에 依(의)해 無償(무상)으로 모두 달리고 運航(운항)하게 된다는 結果(결과)로 歸着(귀착)될 것이다. 이제까지 全(전)혀 想像(상상)할 수 없었던 未來社會(미래사회)의 到來(도래)가 豫想(예상)되는 것이다. 꿈같은 새로운 時代(시대)의 到來(도래)를 展望(전망)할 수 있을 것이다.

勿論(물론) 一般(일반) 家庭(가정)에서도 例外(예외)가 아닐 것이다. 人類社會(인류사회)는 오로지 이 無動力(무동력) 發電(발전)의 無限(무한)에너지에 依支(의지)하고 依存(의존)해서 살아가게 될 것이다.

無動力(무동력) 發電(발전)은 南(남), 北極(북극)의 凍土地帶(동토지대)를 莫論(막론)하고 어떤 奧地(오지)나 山間僻地(산간벽지)에서도 自由(자유)로운 電氣(전기)의 生產(생산)이 可能(가능)하기 때문에 地球上(지구상)의 어느 곳을 網羅(망라)하고 生活(생활)하는 데 支障(지장)이 없으며 아무런 不便(불편)도 따르지 않을 것이다.

앞으로 다가올지 모를 無動力(무동력) 發電時代(발전시대)는 電氣(전기)를 傳達(전달)하고 供給(공급)하기 爲(위)한 外部電線(외부전선)이나 電柱(전주)가 全(전)혀 必要(필요)치 않게 될 것이다. 人類(인류)의 모두가 無動力(무동력) 發電(발전)의 電氣(전기)에너지에 依存(의존)해서 살게 되는 變化(변화)된 새로운 未來世界(미래세계)의 到來(도래)가 豫告(예고)되고 展望(전망)된다 할 것이다.

電子回路(전자회로)의 技術的(기술적)인 方式(방식)의 無動力(무동력) 發電(발전)이 實現(실현)되고 現實化(현실화)된다면 때와 場所(장소)에 拘碍(구애)받지 않고 언제 어느 곳에서든지 無償(무상)으로 또 制限(제한) 없이 必要(필요)한 量(양)의 電氣(전기)에너지를 自由自在(자유자재)로 얻을 수 있게 될 것이다. 미처 豫想(예상)하지 못했던 꿈만 같은 未來社會(미래사회)가 到來(도래)할 것이다.

無動力(무동력) 發電(발전)이 開發(개발)되고 實現(실현)될 때 人類社會(인류사회)는 全(전)혀 豫想(예상)하지 못했고 想像(상상)할 수 없었던 새로운 生活方式(생활방식)의 未來社會(미래사회)의 到來(도래)를 展望(전망)할 수 있을 것이다. 無動力(무동력) 發電(발전)의 電氣(전기)에너지에 依支(의지)해서 살아가는 無公害(무공해)의 變化(변화)된 未來社會(미래사회)를 꿈꾸게 될 것이다.

그 뿐만이 아니라 石油로 해서 생기는 汚染과 公害를 말끔히 除去하고 地球를 原狀의 快適한 環境으로 되돌리고 回復시킬 수 있을 것이다. 또 可恐한 核分裂 物質인 우라늄 元素를 原料로 使用하는 原子力 核發電의 被害도 없애고 그로 因한 恐怖에서도 벗어날 수 있을 것이다.

磁石의 磁力 構造

磁石의 磁力이 本是 電氣의 結合으로 形成되는 電氣의 複合成分이라 할 때 그렇다면 磁石의 磁力이 어떤 原理에서 造成되는 에너지이며 무슨 技能을 갖고 있는 것일까? 磁石의 磁力은 人間의 能力이나 知識이 미치지 못할 自然의 奧妙한 理致와 哲理의 奇拔한 造化로 造成되는 神奇하기 짝이 없는 存在이며 無限에너지의 性格을 띠고 있는 것이다.

무엇보다도 먼저 磁石이 發散하는 磁力이 어떤 過程으로 造成되는 어떤 成分이며 어떤 技能을 갖고 있는지 磁力의

本質을 綿密하고도 正確히 알아 볼 必要가 있을 것이다.

磁石의 磁力은 太陽에너지의 一種으로 太陽에서 오는 電氣成分이며 電氣의 結合體인 것이다. 嚴密히 말하면 磁石의 磁力은 太陽에서 오는 電氣가 보이지 않는 어떤 媒介에 依해 結合되어 全혀 性質을 달리 하는 磁力으로 變質된 成分인 것이다.

따라서 磁石의 磁力은 電氣가 結合되어 變質된 形態로 純粹한 電氣의 結合體이고 複合成分인 것이다.

四方으로 에너지를 發散하며 빛나는 太陽은 오로지 水素만으로 結集된 天體이다. 恒星인 太陽은 純粹한 水素의 結集體인 것이다. 지금이야 狀況이 變해서 많은 種類의 元素物質을 造成시키고 있겠지만 本是 太陽은 水素만으로 形成된 成分인 것이다.

四方空間으로 尨大한 에너지를 끊임없이 發散하고 放出하며 빛나고 있는 太陽은 根本이 水素만으로 凝集된 天體로 지금 한창 核融合을 進行하는 道上에 있다. 太陽은 原子量 하나의 基本元素인 水素가 모여 進行하는 核融合의 過程에 있는 것이다.

太陽이 빛나며 進行하는 水素의 核融合이란 무슨 뜻일까? 《宇宙 回歸論》의 글이 提示하는 原理에 따르면 水素는 宇宙空間에서 重力을 行使하는 唯一한 存在가 된다. 알아 두어야 할 知識이겠지만 水素가 變해서 된 中性子도 水素처럼 呼吸하며 重力을 行使한다.

宇宙空間에서 水素와 水素가 變해서 된 中性子의 두 要素만이 重力을 行使한다는 理致가 될 것이다. 그러나 宇宙空間의 모든 物質은 重力을 行事한다. 理由가 무엇일까? 모든 元素物質이 重力을 行使하는 理由는 모든 元素物質이 中性子가 結合되어 造成되고 있기 때문인 것이다.

水素의 核融合이란 重力을 行使하는 水素가 모여 自己의 構成因子인 陰과 陽의 電極素子로 表現될 수 있을 素粒子를 放出하고 서로 結合시켜 光線이나 電氣 電磁波 等 여러 가지 種類의 太陽에너지를 造成하고 四方空間으로 發散시키는 過程을 말하는 것이다.

이 過程에서 自己의 構成因子인 素粒子를 放出한 水素는 缺損이 생기면서 傷處를 입게 된다. 이렇게 水素가 傷處를 입고 變(변)한 殘骸(잔해)가 바로 中性子(중성자)인 것이다. 앞에서도 말한 바 있지만 宇宙空間(우주공간)에서 重力(중력)을 行使(행사)하는 根本(근본)은 오직 水素(수소)이지만 水素(수소)가 變(변)해서 된 中性子(중성자)도 重力(중력)을 行使(행사)하는 것이다. 따라서 水素(수소)와 中性子(중성자)의 두 要素(요소)만이 重力(중력)을 行使(행사)하게 되며 두 要素(요소) 以外(이외)의 重力體(중력체)는 없는 것이다.

놀라운 結果(결과)이지만 水素(수소)의 凝集體(응집체)인 太陽(태양)이 進行(진행)하는 核融合(핵융합)의 過程(과정)에서 水素(수소)가 傷處(상처)를 입고 만들어지는 中性子(중성자)가 서로 結合(결합)하여 地球上(지구상)에 있는 各種(각종) 元素物質(원소물질)을 造成(조성)시키고 있다는 事實(사실)인 것이다. 그런 理致(이치)라면 地球(지구)도 그 옛날 水素(수소)의 核融合(핵융합)을 經營(경영)한 殘骸(잔해)로 中性子星(중성자성)이라는 뜻이 될 것이다. 元素物質(원소물질)이 中性子(중성자)로 造成(조성)되고 있다니 새삼 驚愕(경악)을 禁(금)치 못할 일일 것이다.

《宇宙 回歸論(우주 회귀론)》의 책에서 밝히고 있는 바와 같이 모든 證據(증거)가 歷歷(역력)하기 때문에 否認(부인)될 性格(성격)이 아닐 것이다. 本人(본인)의 著書(저서)인《宇宙 回歸論(우주 회귀론)》과《人類(인류)를 救(구)할 無限(무한)에너지》의 책에서 磁石(자석)이 發散(발산)하는 磁力(자력)의 原理(원리)와 함께 水素(수소)의 核融合(핵융합)에 對(대)한 原理(원리)도 昭詳(소상)히 敷衍(부연) 說明(설명)되고 있다.

主題(주제)에서 벗어난 이야기가 오래 계속되어 原論(원론)으로 되돌아가야 할 것이다.

무엇보다도 먼저 原子量(원자량) 하나의 基本元素(기본원소)인 水素(수소)의 根本(근본)과 本質(본질)을 알아야 할 것이다. 水素(수소)는 宇宙(우주)의 根源(근원)이라 할 수 있을 陰(음)과 陽(양)의 電極素子(전극소자)가 結集(결집)되어 構成(구성)된 物質(물질)이다. 에너지의 結集體(결집체)이고 덩어리인 것이다.

太陽(태양)은 水素(수소)의 核融合體(핵융합체)로 水素(수소)의 構成因子(구성인자)인 陰陽(음양) 兩極(양극)의 素粒子(소립자)가 나와 光線(광선)이나 電氣(전기) 電磁波(전자파)와 같은 모든 太陽(태양)에너지를 結合(결합)시켜 造成(조성)하고 四方空間(사방공간)으로 發散(발산)하고 있다.

電氣(전기)도 水素(수소)의 構成因子(구성인자)인 電素粒子(전소립자)가 나와 結合(결합)하고 造成(조성)시키는 太陽(태양)에너지의 한 가지 種類(종류)이지만 地球(지구)는 光線(광선)이나 電磁波(전자파)와 같은 다른 太陽(태양)에너지와 함께 電氣(전기)에너지도 끊임없이 받고 있다. 地球上(지구상)에 電氣(전기)에너지가 存在(존재)하는 原理(원리)이며 理由(이유)인 것이다.

그런데 電氣(전기)는 光線(광선)이나 電磁波(전자파)와 같이 다른 太陽(태양)에너지하고는 사뭇 다른 性格(성격)의 樣相(양상)을 表出(표출)시키고 있어 問題(문제)가 따르고 있는 것이다. 잘 알고 있다시피 電氣(전기)는 高壓(고압)의 活性(활성)에너지로 負荷하거나 蓄積되면 주체할 수 없어 그만 타버리고 만다. 破壞로 이어지고 蓄積이 되지 않는 性格인 것이다.

그런 事情에서 끊임없이 高壓의 電氣에너지를 받고 있는 地球는 存亡의 危機를 맞고 있었던 것이다. 이런 危機에 逢着한 地球는 어떻게 이 難關을 克服하고 突破해서 逢變을 未然에 豫防하고 모면하여 스스로의 安全을 圖謀할 것인가 몹시 苦悶에 빠졌을 것이다.

萬一 太陽이 間斷없이 發散하며 보내오는 電氣에너지를 地球가 自救策을 講究할 어떤 造化나 特殊한 濾過裝置 없이 그냥 멍청하게 계속 받고 蓄積시킨다면 어떤 結果로 이어질까? 地球는 高壓의 電氣에너지를 도저히 堪當할 수 없고 堪耐할 수 없어 그만 타버리고 말 것이다. 破壞로 이어질 수밖에 없을 것이다.

그런 경우 地球는 生物이 살아갈 수 없을 苛酷한 環境으로 變해 갈 수밖에 없었을 것이다. 人類文明을 꽃 피울 수 없었을 일인 것이다. 그러나 어찌된 일인지 地球는 그런 豫想과는 달리 아무런 異常이 없고 安全하며 無事한 것이다.

理由가 무엇이고 이 어찌된 영문일까? 地球는 아무런 異常없이 멀쩡하며 人間이나 다른 生物들도 危害나 어떤 變故를 當하지 않고 아무런 支障없이 살아가고 있는 것이다.

避할 길이 없어 道理 없이 입을 수밖에 없었을 禍인데 그런 禍를 當하지 않고 地球는 安全하게 保存되고 있으니 이 어찌된 일일까 하는 것이다. 理解가 쉽지 않을 不可思議하고도 奇異한 일이 아닐 수 없을 것이다.

必是 이에는 그럴 만한 나름대로의 어떤 合理的인 理由와 原因이 반드시 있었기 때문에 地球는 오늘날의 安全하고 無事한 結果를 維持하고 있을 것이다. 自然의 理致란 참으로 絶妙하고 奧妙하기만 하다. 人間의 常識이나 知識이 도저히 미치지 못할 驚天動地의 놀라운 結果의 造化가 일어나고 있었던 것이다.

地球는 太陽으로부터 오는 電氣에너지로 해서 입을 慘禍와 災殃의 被害를 巧妙히 避하고 自身의 安全을 지키기 爲해서 실로 想像을 超越할 絶妙하고도 奧妙한 理致의 智慧를 發揮하고 있었던 것이다. 自然의 哲理란 人間의 智慧나 想像

이 미치지 못할 領域으로 참으로 驚歎을 禁할 수 없을 保護策의 造化를 地球는 講究하고 있었던 것이다.

太陽으로부터 活性인 高壓의 電氣에너지가 光線이나 電磁波와 같은 다른 에너지와 함께 間斷 없이 地球를 向하여 쏟아지고 있다. 大量의 電氣에너지가 계속 地球로 쏟아지고 있는 것이다.

地球는 못 살겠다 悲鳴을 지르면서도 束手無策인 채 가만히 앉아 멍청하게 禍를 當하고만 있지 않았다. 참으로 奇妙하기 이를데 없는 理致의 智慧를 發揮하여 自身이 살아남을 自救策의 絶妙한 能力의 造化를 講究하고 있었던 것이다.

地球는 하나의 巨大한 磁石이 되어 太陽으로부터 끊임없이 날아오는 電氣를 結合시켜 즉시 磁力으로 둔갑시키고 變化시켜 禍를 未然에 豫防하고 있었던 것이다. 地球는 그런 理由에서 無事하며 安全을 維持하고 있지만 人間을 凌駕할 叡智와 能力을 發揮하고 있는 것이다.

地球는 하나의 巨大한 磁石

地球는 하나의 巨大한 磁石이 되어 太陽으로부터 持續的으로 쏟아지는 高壓의 電氣에너지를 瞬間的인 作動에서 磁力으로 結合하고 轉換시켜 南北의 兩極을 通해 虛空으로 發散해 버리면서 禍를 未然에 豫防하고 있는 것이다. 地球는 電氣를 磁力으로 結合 轉換시키고 넘치는 에너지를 虛空으로 버리면서 自身의 安全策을 圖謀하고 있다.

地球는 磁石이라는 絶妙한 裝置로 造化를 부려 禍를 未然에 豫防하고 스스로의 安全을 圖謀 維持하고 있다. 原理的으로 그렇게 될 수밖에 없는 理由가 있겠지만 地球의 磁石化는 실로 奇拔한 着想의 裝置가 아닐 수 없을 것이다.

다시 한 번 敷衍하고 說明을 加해 보기로 할 것이다. 地球는 高壓의 電氣로 해서 입을 禍를 未然에 豫防하고 살아남기 爲하여 다음과 같은 智慧를 講究하고 있다. 太陽으로부터 持續的으로 쏟아지는 高壓의 電氣를 地球 表面에 到達하는 瞬間 磁力으로 結合 轉換시켜 南北의 兩極을 通하여 虛空으로 버리고 있는 것이다.

地球(지구)는 하나의 큰 磁石(자석)이 되어 堪耐(감내)할 수 없는 高壓(고압)의 電氣(전기)에너지를 磁力(자력)으로 轉換(전환)시키는 能力(능력)을 發揮(발휘)하면서 스스로의 安定(안정)을 維持(유지)하고 있다. 地球(지구)의 磁石化(자석화)는 실로 奇拔(기발)한 着想(착상)의 裝置(장치)가 아닐 수 없을 것이다.

그런 於間(어간)의 事情(사정)에서 미루어 볼 때 磁石(자석)의 磁力(자력)은 電氣(전기)의 結合(결합)으로 變質(변질)된 電氣(전기)의 複合體(복합체)이고 에너지의 濃縮體(농축체)이라는 理致(이치)가 될 것이다. 磁力(자력)은 貴重(귀중)한 에너지의 덩어리이고 寶庫(보고)인 것이다. 뉘라서 敢(감)히 泰山(태산) 鳴動(명동) 鼠一匹(서일필)이라 一笑(일소)에 붙일 일이겠는가? 可笑(가소)롭다 無視(무시)될 일이 아닐 것이다.

區區(구구)한 說明(설명)에도 不拘(불구)하고 理解(이해)가 쉽지 않아 半信半疑(반신반의)의 疑惑(의혹)을 감추지 못할 것이다. 우선 分明(분명)한 證據(증거)가 있는 것이며 무엇으로 그런 事實(사실)을 確認(확인)하고 證明(증명)할 수 있겠느냐 反問(반문)할 것이다.

當然(당연)히 物的(물적) 證據(증거)가 提示(제시)되고 科學的(과학적)으로 證明(증명)되어야 할 것이다. 다음과 같은 自然現象(자연현상)에서 그런 結果(결과)를 確認(확인)할 수 있고 克明(극명)하고도 赤裸裸(적나라)한 物的(물적) 證據(증거)가 된다 할 것이다.

여름 날 장마철이 돌아오면 비가 오면서 요란한 천둥 번개를 同伴하게 된다. 이때 高壓의 電氣가 合線하면서 번쩍 번쩍 빛나고 요란한 소리와 함께 地上을 向하여 突進한다. 천둥 번개의 現象인 것이다.

그러나 어이 된 영문이고 무슨 造化에서인지 천둥 번개를 同伴한 그 高壓의 電氣는 地表面에 到達하는 瞬間 그만 消滅되어 없어지고 마는 것이다. 鬼神이 哭할 일이지만 이 어찌 된 일일까? 도대체 堪當하기 힘든 高壓의 電氣에너지가 모두 어디로 사라지고 흔적도 없는 것일까? 그 많은 電氣에너지가 없어진 原因과 理由가 도대체 무엇일까 하는 것이다. 참으로 鬼神이 哭할 노릇이다. 그 많은 空中의 電氣는 모두 어디로 사라지고 없어진 것일까? 천둥 번개의 경우 더러는 落雷의 被害를 입기도 한다. 그러나 천둥 번개와 落雷의 어느 경우이든지 間에 空中의 電氣가 地表面에 到達하면 모두 없어지고 만다. 흔적도 없이 電氣는 모두 消滅되고 사라지는 것이다. 사람들은 이런 現象을 無心히 보아 넘기고 지나치지만 그러나 그냥 보고 넘길 일이 아닐 것이다. 그와 같은 現象에는 人間이 깨닫지 못한 深奧한 物理의 理致가 潛伏 內在되고 있을 일이기 때문이다.

電氣가 없어지는 現象에서 原因이 무엇인지 物理가 作用하는 原理를 綿密히 糾明하고 考察해 보아야 할 것이다.

多角度로 糾明하고 綿密히 考察한 結果이지만 空中의 電氣가 地上에 到達하는 瞬間 그만 없어지고 사라져 消滅되는 原因은 다음의 理由에서였다. 空中의 電氣가 어떤 보이지 않는 큰 媒介에 作用되어 瞬間的으로 結合되어 全혀 性質을 달리 하는 中性의 磁力으로 轉換되기 때문이었다.

이게 바로 地球上에 磁力이 存在하는 原理이고 理由였다. 電氣는 太陽에서 오고 있지만 어떤 보이지 않는 媒介가 그 電氣를 結合시켜 磁力을 形成시키고 있는 것이다.

電氣를 磁力으로 轉換시키는 動機를 造作하는 媒介란 다름 아닌 地球이었으며 地球가 하나의 巨大한 磁石이 되어 太陽으로부터 오는 電氣를 磁力으로 變質시키면서 地球가 입을 禍를 未然에 豫防하고 있었던 것이다. 物理的인 考察에서 그런 理致의 現象이 克明하고도 赤裸裸하게 類推되고 解明되었으며 確認되고 있는 것이다.

높은 建物(건물)에 避雷針(피뢰침)을 設置(설치)하고 空中(공중)의 電氣(전기)를 地下(지하)로 誘導(유도)하면서 落雷(낙뢰)의 被害(피해)를 豫防(예방)하는 結果(결과)에서도 그런 事實(사실)이 確認(확인)되며 雄辯(웅변)으로 證明(증명)된다 할 것이다. 太陽(태양)에서 오는 電氣(전기)가 地表面(지표면)에 當到(당도)하는 瞬間(순간) 地球(지구)라는 큰 磁石(자석)에 依(의)해 誘導(유도)되고 結合(결합)되어 磁力(자력)으로 變質(변질)되는 것이다.

이렇듯 地球(지구)는 禍(화)를 未然(미연)에 豫防(예방)하면서 自身(자신)의 安全(안전)을 保障(보장)하고 保護(보호)하기 爲(위)하여 하나의 巨大(거대)한 磁石(자석)이 되고 그런 安全裝置(안전장치)로 電氣(전기)를 磁力(자력)으로 轉換(전환)시키고 있다. 그러나 磁力(자력)도 電氣(전기)가 蓄積(축적)된 에너지 成分(성분)이다. 자꾸만 蓄積(축적)되는 磁力(자력)의 에너지 成分(성분)을 地球(지구)도 無條件(무조건) 안고 있을 수만은 없는 일일 것이다. 그렇다면 蓄積(축적)되어 넘치는 磁力(자력)을 地球(지구)는 어떻게 消化(소화)시키면서 處理(처리)하고 있는 것일까?

孔子(공자)는 過猶不及(과유불급)이라 했다. 地球(지구)는 넘치거나 미치지 못하는 일이 없도록 均衡(균형)을 維持(유지)시킬 必要(필요)에서 자꾸만 蓄積(축적)되는 磁力(자력)에너지를 南北(남북)의 兩極(양극)을 通(통)하여 끊임없이 虛空(허공)으로 發散(발산)시키고 있는 것이다. 그러니까 넘치는 에너지를 버리고 있는 것이다. 羅針盤(나침반)이 南北(남북)의 兩極方向(양극방향)을 가리키는 原因(원인)이 그런 理由에 緣由하고 있다 할 것이다. 이렇듯 끊이지 않고 虛空으로 버려져 浪費되는 磁力이 人間이 利用해야 할 無限에너지인 것이다.

人類社會는 虛空으로 그냥 버려지는 磁力의 無限에너지에 注目해야 할 것이다. 어찌 그러느냐 하면 그냥 虛空으로 버려지고 浪費되는 磁力의 無限에너지야말로 人類가 處한 窮塞한 에너지 問題를 遺憾없이 解決해 줄 重要한 要素이기 때문이다. 人間이 살아가는 地球는 自身의 安全을 保障하기 爲하여 磁力으로 結合 轉換시킨 活性의 電氣에너지를 계속 虛空으로 버리고 있다. 地球는 自身을 保護하기 爲하여 高壓의 電氣에너지를 磁力으로 둔갑시켜 虛空으로 버리고 있지만 人間의 視角에서는 處地가 다를 것이다.

어찌 그러느냐 하면 그냥 虛空으로 버려져 浪費되는 磁力이 原狀의 電氣로 分解되어 人間의 窮塞한 에너지 需要를 充足시키면서 永遠히 依支하고 살아갈 수 있을 可能性이 排除되지 않기 때문이다.

萬一 地球上의 人類社會가 마냥 虛空으로 버려져 浪費되

는 磁力의 無限에너지를 動力을 加하여 有償으로 電氣를 生産하는 지금의 動力發電을 代身하여 電子回路의 技術的인 方法으로 電氣를 無償으로 生産할 수 있다면 어떤 結果가 招來될까? 動力을 加하지 않고 技術的인 間接 方式으로 磁力을 原狀의 電氣로 分解시켜 人間이 利用할 수 있게 된다면 어떤 未來社會의 到來가 展望될까 하는 것이다.

人類社會는 應分의 代價를 支拂하지 않고 無償으로 無限한 電氣에너지를 自由自在로 生産할 수 있게 될 것이라는 理致가 될 것이다. 太陽이 存續하는 限 人間이 必要로 하는 에너지를 不足함이 없이 充足시킬 수 있으며 永遠히 이 에너지에 依存하여 살아갈 수 있게 된다는 論理가 될 것이다.

細分化시킨 磁石

하나의 巨大한 磁石인 地球는 細分化시킨 磁石을 人間 앞에 提供하고 있다. 多幸한 일일 것이다. 原理上으로 分析해 볼 때 細分化된 磁石의 磁力은 電氣의 複合體이고 에너지의 덩어리인 것이다. 地球上의 人類가 全的으로 依存해서 살아갈 수 있을 電氣에너지의 寶庫인 것이다.

잘 알려지고 있는 知識이지만 人間은 이미 磁石의 磁力場에 人爲的인 動力을 加하여 電氣를 生産하여 利用하고 있다. 이름하여 動力發電인 것이다.

지금 人間이 電氣를 生産하여 要緊하게 使用하고 있는 動力發電의 경우에서도 磁石의 磁力이 電氣의 結合으로 造成된 電氣의 複合體인 事實이 如實하게 確認되고 證明된다 할 것이다. 充分히 認知되며 類推되고도 남음이 있을 것이다.

지금은 電子回路의 技術이 高度로 發達한 尖端産業時代이다. 磁力의 原理가 克明하게 밝혀지고 있는 以上 固陋한 方法이라 할 수 있을 지난 動力發電의 方式에만 얽매이고 執着해서 安住하고 있을 일이 아닐 것이다. 未來指向의 進取的인 發想에 새롭게 着眼할 必要가 있을 것이다.

지금 貴重한 電氣에너지인 磁力이 南北의 兩極을 通하여

끊임없이 虛空으로 發散되면서 버려져 浪費되고 있다. 萬一 人間이 磁力에 人爲的인 힘을 加하여 電氣를 生産하는 지금의 動力發電이 아닌 電子回路의 技術的인 方式으로 磁力을 分解시켜 無動力으로 電氣를 生産할 수 있게 된다면 어떻게 될까? 지금과는 全혀 다른 새로운 構造의 未來社會가 到來할 것이다.

人類社會는 무엇보다도 먼저 公害를 誘發하면서 汚染을 加重시키는 石油로 해서 생기는 地球의 環境破壞를 念慮할 必要가 없을 것이다. 또 苦心하며 戰戰兢兢 애태우던 次世代 에너지에 對한 걱정을 하지 않아도 될 것이다. 勞心焦思 애태우던 에너지 걱정도 一擧에 霧散시킬 수 있는 것이다.

無動力 發電의 電氣에너지가 開發되는 경우 無公害의 이 電氣에너지에 依存하고 依支하여 人類는 永久히 不便없는 便安하고 健全한 삶을 營爲해 갈 수 있을 것이다. 刮目相對의 合理的인 未來社會가 到來할 것으로 展望되는 것이다.

그런 展望은 架空의 虛荒되고 誇大妄想의 誇張된 空想의 世界가 아닐 것이다. 沙上樓閣의 虛無孟浪한 이야기가 아닌 것이다. 磁石이 表出시키는 磁力의 原理가 明白하고도 分明하게 밝혀진 以上 根據가 確實해서 磁力의 無動力 發電은 實現 可能性이 있고 排除되지 않는 것이다.

電子回路의 技術的인 方法으로 磁石의 磁力에서 電氣가 生産되는 無限에너지의 開發이 成功하는 경우 人類가 所要로 하는 에너지 需要를 充足시키고도 남음이 있을 것이다. 그 뿐만이 아니라 石油로 해서 隨伴되던 모든 公害와 汚染等 地球의 自然 環境破壞도 沮止될 것이다.

原子彈이나 劣化우라늄彈 같은 核爆彈은 別個의 問題이겠지만 核分裂 物質인 우라늄 元素를 原料로 使用하는 原子力核發電도 더 以上 存續될 理由가 없어져 그로 해서 입게 될 被害와 恐怖도 解消될 것이다.

地上을 달리는 自動車와 하늘을 날아다니는 飛行機 또 바다를 航海하는 배는 한결같이 달리고 날면서 無動力 發電하고 스스로 電氣를 生産하면서 달리고 날게 될 것이다. 공짜로 電氣를 얻어 生活하는 희한하기만한 世上의 到來가 豫告되고 있다 할 것이다.

그들 모두는 燃料를 必要로 하지 않는 無動力 發電의 電氣에너지에 依해 달리고 生活하게 될 일이기 때문에 公害와 汚染을 隨伴하지 않을 것이다. 人類社會는 代價를 支拂하지 않고 公害없는 無動力 發電의 電氣에너지에 依해 全的으로 生活하고 살아가게 될 展望이다.

앞으로 人類社會는 넘치는 에너지이고 地球를 保護하기 爲해 不斷히 虛空으로 버릴 수밖에 없는 磁力에 動力을 加하지 않고 電氣로 分解시키는 技術을 開發하여 살아갈 수 있을 方道를 찾아야 할 것이다. 磁力의 無動力 發電은 不可侵의 領域이 아니며 原理的으로 充分히 可能한 世界이고 領域인 것이다.

電氣가 서로 結合하여 全혀 性能을 달리 表出시키는 中性의 磁力으로 變質되는 原理가 있다면 逆順으로 磁力이 原狀의 電氣로 分解되는 原理도 分明히 있을 것이다. 當然한 일로 그게 事物의 理致일 것이다.

人類社會는 期必코 그 逆順의 原理를 찾아야 할 것이다. 그래야만 次世代의 人類가 所要로 하는 에너지 需要를 充足

시키면서 切迫하기만한 에너지 問題를 解決하고 걱정 없이 살아갈 수 있게 될 것이다.

그런 時代가 現實로 到來할 때 南北極을 爲始해서 地球上의 모든 地域을 網羅한 어떤 궁벽한 곳이나 山間奧地에서도 無動力 發電의 電氣에너지에 依存하여 不足함이 없는 生活을 營爲할 수 있고 無難하게 살아갈 수 있을 것이다. 無動力 發電의 電氣에너지는 萬能이라 할 수 있을 것이다.

이 時點에서 問題의 核心과 關鍵은 磁力의 無動力 發電이 開發될 수 있느냐의 與否일 것이다. 磁力의 無動力 發電은 原理上으로 實現이 不可能한 領域이 아니고 可能性이 있는 世界인 것이다. 未久에 現實로 다가올 世界이고 領域일 것이다. 꿈이 아니고 現實로 다가올 未來世界의 到來를 期待해 볼 수 있고 展望해 볼 수 있을 것이다.

이제 人類의 未來는 오로지 無限에너지인 磁石의 磁力을 無動力으로 發電해서 電氣에너지를 無償으로 얻어 쓸 수 있느냐의 與否에 運命이 달렸다 할 것이다. 無動力 發電의 技術 開發을 促進하고 實踐하는 如何에 次世代의 運命이

左右된다 할 것이다.

人類社會는 原理가 明確하게 밝혀진 磁石의 磁力이 發散하는 無限에너지를 無動力으로 發電해서 電氣를 無償으로 生産할 수 있는 技術開發에 總力을 기울이고 一路邁進해야 할 것이다. 달리 에너지源을 찾을 수 없는 마당에 꼭 成功해야만 次世代의 에너지 問題도 解決하고 石油로 해서 생긴 온갖 公害와 汚染을 除去하고 病들어 呻吟하는 地球를 原狀으로 回復 蘇生시킬 수 있을 것이다.

오직 絶望이 있을 뿐 뚜렷한 解決策이 없는 次世代의 에너지 問題야말로 오늘의 人類가 處한 苦悶일 것이다. 次世代에너지를 解決하고 地球를 原狀의 快適한 環境으로 蘇生시킬 수 있을 唯一한 方策은 오직 磁力의 無動力 發電을 實現시켜 電氣를 無償으로 生産해서 얻어 쓰는 方法 以外 다른 代案이 없을 것이다. 地球上에는 뚜렷한 다른 에너지源이 없기 때문이다.

人類가 依支하고 살아갈 未來에너지

人間이 地下資源인 石油를 파서 利用하면서부터 産業이 急速度로 發達하기 始作했다. 産業發達에 比例해서 人間의 生活向上도 눈부시게 促進되고 있는 것이다. 人類 歷史上 類例없는 産業發達을 促進시키고 그에 따른 生活向上으로 人間들은 格에 넘치는 榮華를 누려 왔던 것이다.

그런 側面에서 본다면 石油는 肯定的인 에너지源의 存在라 할 수 있을 것이다. 그러나 事物의 理致란 得이 있으면 損도 함께 따르는 法일 것이다. 利害得失이 相反되기 마련일 것이다.

人間이 石油로 해서 繁榮을 謳歌하고 榮華를 누린 反對給付의 禍 또한 無視할 수 없으며 存亡이 威脅받는 可恐한 結果를 招來시키고 있는 것이다. 地球의 生態界가 一衣帶水로 破壞되고 惡化一路를 치닫는 너무도 큰 代價를 치르고 있는 것이다. 地球의 溫難化로 빚어지는 氣象異變을 비롯해서 大氣汚染과 河川에서 바다에 이르는 水質의 急激한 惡化 等

石油는 人間을 爲始한 地球上의 모든 生物을 威脅하고 있으며 生存을 危殆롭게 하고 있는 것이다. 地球의 滅亡을 재촉하는 可恐한 災殃을 몰고 온 것이다.

石油로 因하여 人間을 爲始한 地球上의 모든 生物이 生存을 威脅받고 있으며 存亡의 岐路에 直面하는 危機에 逢着하고 있는 것이다. 地球가 存亡의 危機에 逢着하고 百尺竿頭의 벼랑에 서 있는 게 오늘의 現實이고 實情일 것이다.

結局 石油는 繁榮의 福과 滅亡을 재촉하는 禍를 함께 몰고 온 兩面性의 明暗을 지닌 存在라 할 것이다. 그러한 性格의 石油이지만 그 石油마저도 머지 않을 將來에 枯渴이 臨迫하고 있는 것이다. 地下資源인 石油도 無限으로 存在할 性格이 아닐 것이다.

未久에 石油도 枯渴되어 갈 일이고 地球의 安全도 限界에 다달은 切迫하기만한 이때 그렇다면 人類는 앞으로 어떤 에너지에 依存하고 依支해서 살아갈 수 있을 일일까? 오직 窮塞하기만 할 이때 어떤 새로운 에너지가 登場하여 地球의 汚染과 公害를 除去시키면서 人類의 安全을 保存하고 維持시킬 수 있을 일일까 하는 것이다.

오직 絶望이 있을 뿐 進退兩難의 切迫한 窮地에 몰리고 直面한 이때 原理가 鮮明하게 밝혀지면서 彗星처럼 登場한 磁石의 磁力에너지 以外 人類를 救濟할 代案의 어떠한 에너지源도 存在하지 않는 것이다. 磁石의 磁力에너지가 아니고서는 人間이 依支하고 살아갈 수 있을 憧憬할 만한 代案의 어떤 에너지源도 存在하지 않기 때문이다.

磁石의 磁力에너지는 人間이 開拓하여 살아갈 수 있을 希望의 要素일 것이다. 이제까지의 論調에서 克明하게 糾明되어 分析되고 있듯이 磁石의 磁力은 電氣의 結晶體이며 앞으로 人間이 依支하고 살아갈 수 있을 唯一한 에너지源인 結果가 分明하게 確認되고 있는 것이다.

이제 人類社會는 에너지를 解決할 一縷의 希望을 磁石의 磁力에 集中시킬 일이고 傍觀으로 一貫할 일이 아닐 것이다.

磁力의 無動力 發電을 實現시키고 無限 電氣에너지의 生産研究를 促進시키는 일이야말로 半身不隨인 채 病들어 死境을 헤매며 呻吟하는 地球의 劣惡한 環境을 原狀으로 回復 蘇生시키는 捷徑이 될 것이다. 生存을 威脅받고 存亡의

岐路에서 彷徨하는 人類와 地球上의 모든 生物을 劇的으로 救濟하게 될 性格인 것이다.

이제 누가 어떤 異議를 提起한다 해도 磁石의 磁力에너지가 汚染으로 시들어가는 地球의 劣惡한 環境을 原狀으로 되살리게 될 것이다. 또 磁石의 磁力은 滅亡을 재촉하는 人間을 비롯한 地球上의 모든 生物을 劇的으로 되살릴 수 있는 唯一하고도 絶對的인 要素의 存在로 浮上해서 登場하고 있는 것이다.

磁石의 磁力에너지는 地球도 살리고 生物도 살릴 一擧兩得의 에너지源으로 人類가 救濟될 希望의 要素이자 唯一無二의 絶對的인 存在라 할 것이다.

絶體絶命의 危機와 窮地에 몰린 人類는 이제 어떤 에너지源을 찾아 開拓하고 突破口를 열어 難局을 克服해야 할 일일까? 이 時點에서 오직 磁力의 無動力 發電을 實現시키고 無償으로 電氣에너지를 얻어 쓰는 方法 以外 人類가 살아나갈 다른 餘地가 없을 것이다. 未來의 運命을 걸어볼 만한 다른 어떤 에너지源도 存在하지 않기 때문이다.

人間社會(인간사회)는 水素(수소)에너지를 비롯한 다른 여러 가지 種類(종류)의 에너지 開發(개발)에 注力(주력)하고 있다. 어찌 보면 血眼(혈안)이 된 채 온갖 心血(심혈)을 모두 이에 集中(집중)시켜 기울이고 있다 할 수 있을 것이다. 그러나 原理上(원리상)으로 볼 때 큰 成果(성과)를 期待(기대)할 수 있을 일은 아닐 것이다.

磁力(자력)의 無動力(무동력) 發電(발전)이 實現(실현) 可能性(가능성)이 있느냐 없느냐가 重要(중요)한 關鍵(관건)이라 하겠지만 磁力(자력)의 無動力(무동력) 發電(발전)을 爲(위)한 開發(개발) 硏究(연구)를 外面(외면)하고 소홀히 할 時點(시점)이 아닐 것이다. 磁石(자석)의 磁力(자력)에너지 以外(이외) 未來(미래)의 人類(인류)가 所要(소요)로 하는 에너지를 充足(충족)시키면서 依支(의지)하고 살아갈 만한 다른 에너지源(원)이 없는 마당에 磁力(자력)의 無動力(무동력) 發電(발전)을 外面(외면)할 수 없으며 모든 努力(노력)을 이에 傾注(경주)하고 拍車(박차)를 加(가)하여 奮發(분발)하지 않을 수 없는 處地(처지)일 것이다. 옛날이야 磁石(자석)의 磁力(자력)에서 電氣(전기)가 發生(발생)할 줄이야 누가 敢(감)히 想像(상상)이나 했을 일이겠는가? 磁力(자력)에서 電氣(전기)가 生産(생산)될 줄이야 꿈에도 생각하지 못했을 일이었을 것이다. 그러나 人間(인간)의 智慧(지혜)는 磁石(자석)의 磁力(자력)에 人爲的(인위적)인 動力(동력)을 加(가)하여 電氣(전기)를 生産(생산)하는 데 成功(성공)하고 있다. 他山之石(타산지석) 可以攻玉(가이공옥)을 敎訓(교훈)으로 해야 할 일일 것이다.

原理上 磁力의 動力發電이 可能한 性格이라면 磁力의 無動力 發電도 能히 可能한 性質이고 領域일 것이다.

냉큼 首肯될 일은 아니겠지만 만일 磁力의 無動力 發電이 實現되고 現實化 된다면 지금의 動力發電과 그에 따른 原理는 舊時代의 遺物로 남은 채 歷史에서 사라지고 말 運命일 것이다. 반드시 實現된다는 保障이야 없겠지만 그래도 未來를 展望해 볼 때 百餘年동안 人類文明을 찬란하게 꽃 피운 動力發電의 原理도 博物館에 展示될 遺物로 남을 뿐 無動力 發電時代로 代替될 날도 그리 멀지 않은 將來로 臨迫하고 있지 않을까 생각되는 것이다. 隔世之感이 있게 될 것이다.

水素 自動車

人間은 水素에너지의 開發에 큰 希望과 期待를 걸고 있는 것으로 보인다.

未來에너지를 充當시키고 解決하고자 念願하는 次元에서

이겠지만 世界的으로 水素에너지와 水素車의 開發에 온갖 熱意를 集中시키고 있다.

人間의 그런 與望에도 不拘하고 水素에너지의 開發은 遲遲不振 實現되지 않고 있다. 可望이 없는지 成就될 氣味가 보이지 않고 있는 것이다. 失望스러운 일이겠지만 原理上 水素에너지의 開發은 도저히 實現 不可能한 일인 것으로 確認되고 있는 것이다.

水素가 太陽에서처럼 核融合을 進行시키는 過程에 尨大한 에너지를 放出하면서 宇宙空間을 빛내는 恒星에너지의 根源으로 比할 데 없는 큰 에너지 要素이고 成分인 것은 否認할 수 없는 事實인 것이다. 水素가 에너지의 根源이고 덩어리인 것은 틀림없는 事實이고 疑心의 餘地가 없는 것이다. 그러나 人間이 水素의 그 큰 에너지를 直接 利用할 수 없다는 데 問題가 있는 것이다. 水素에너지의 開發을 中止해야 할 理由가 있어 再考를 要하는 것이다.

어찌 그러느냐 하면 人間의 能力으로는 水素의 內部世界를 破壞해서 에너지를 放出시킬 수도 없을 일이거니와 또

破壞(파괴)해서도 안 되는 것이다. 水素(수소)의 破壞(파괴)는 곧 바로 人類(인류)의 滅亡(멸망)을 自招(자초)하는 可恐(가공)한 災殃(재앙)을 招來(초래)하게 되고 그런 慘禍(참화)를 免(면)할 수 없는 結果(결과)로 이어지기 때문인 것이다.

이 무슨 奇想天外(기상천외)와 같은 妄發(망발)된 말이고 靑天霹靂(청천벽력)의 날벼락 같은 消息(소식)이냐 할 것이다.

旣終夜哭(기종야곡)이더니 問誰不祿(문수불록)이냐 하는 말이 있다. 밤새도록 어이 어이 哭(곡)을 하고 나더니 새벽에 이르러서야 엉뚱하게도 누가 밥 수저를 놓고 죽었느냐 묻더라는 것이다. 뚱딴지같은 짓을 한다는 말로 자다가 封窓(봉창)을 쥐어뜯는다는 말과 一脈相通(일맥상통)한다 할 것이다. 그런 말이 될지 모르지만 그러나 人間(인간)이 에너지를 얻기 爲(위)하여 水素(수소)의 內部世界(내부세계)를 破壞(파괴)하고자 試圖(시도)하는 일은 無謀(무모)한 發想(발상)으로 無知(무지)이고 愚昧(우매)의 極致(극치)로 放恣(방자)하기 이를 데 없는 蠻勇(만용)에 지나지 않는다는 것이다.

새로운 宇宙(우주)의 眞實(진실)을 밝힌《宇宙 回歸論(우주 회귀론)》의 글이 提示(제시)한 原理(원리)에 따르면 水素(수소)의 破壞(파괴)는 곧바로 지금 太陽(태양)에서 進行(진행)하고 있는 水素(수소)의 核融合(핵융합)을 人間(인간)의 손으로 直接 實現(직접 실현)시킨다는 理致(이치)가 된다는 것이다. 人間(인간)이 그 엄청난 에너지를 堪當(감당)

할 能力이 없어 慘禍로 이어질 수밖에 없다는 것이다.

그 뿐만이 아니라 水素가 自己의 組織因子인 素粒子를 放出하고 內部에너지를 發散시키면 人類滅亡의 可恐한 結果를 招來시킬 수도 있다는 것이다. 生疎한 말이라 냉큼 理解가 되지 않겠지만 水素가 素粒子의 에너지를 放出하면 生物을 無差別 殺傷시키는 可恐한 中性子로 變한다는 것이다. 놀라운 知識일 것이다.

人間들이 放射能이라 呼稱하고 있는 中性子는 地球上의 生物을 닥치는 대로 殺傷시키는 可恐한 存在이기 때문에 生物 滅亡의 慘禍를 招來하게 되고 그런 災殃을 免할 수 없게 된다는 것이다. 그게 事實이라면 실로 戰慄을 禁할 수 없는 可恐한 일이 아닐 수 없을 것이다.

한편 水素가 發散할 큰 에너지를 人間이 統制하고 制御할 能力을 具備하고 있지 않다는 것이다. 그 뿐만이 아니라 無差別 殺傷을 敢行하는 中性子의 向路를 가로막고 遮斷할 物質이 地球上에는 없다는 것이다. 납만이 唯一하게 中性子를 遮斷한다고는 하지만 中性子의 向路를 遮斷할 物質이 없다는 뜻은 中性子(중성자)로 해서 생기는 被害(피해)를 豫防(예방)할 方法(방법)이 없다는 理致(이치)가 될 것이다.

人間(인간)이 에너지를 얻고자 水素(수소)의 內部世界(내부세계)를 破壞(파괴)하는 경우 放出(방출)되는 에너지를 堪當(감당)할 수 없게 되는 것이다. 또 副産物(부산물)로 생기는 中性子(중성자)가 無差別(무차별) 敢行(감행)하는 殺傷(살상)의 被害(피해)를 免(면)할 수 없게 된다는 것이다. 慘禍(참화)와 災殃(재앙)으로 이어진다는 結果(결과)가 될 것이다.

現代知識(현대지식)으로는 水素(수소)가 變(변)하여 中性子(중성자)가 된다는 뜻을 理解(이해)할 수 없을 것이다. 새로운 知識(지식)이 되어 理解(이해)하기 어렵고 따라서 疑訝(의아)할 수밖에 없을 것이다.

水素(수소)가 自己(자기)의 構成因子(구성인자)인 素粒子(소립자)를 放出(방출)하면 缺損(결손)이 생기면서 中性子(중성자)로 變(변)하고 그 中性子(중성자)가 서로 結合(결합)하여 地球上(지구상)의 모든 元素物質(원소물질)을 造成(조성)하고 있다는 事實(사실)이《宇宙 回歸論(우주 회귀론)》의 책에서 細細(세세)하게 解明(해명)되고 있으며 克明(극명)하게 證明(증명)되고 있는 것이다. 放射能 物質(방사능 물질)인 우라늄 元素(원소)의 核分裂 過程(핵분열 과정)에서 中性子(중성자)가 分解(분해)되어 나오지만 모든 物的 證據(물적 증거)가 빠짐 없이 具備(구비)되고 있는 것이다.

水素車를 말한다면서 本論에서 벗어난 이야기가 계속되어 原論으로 되돌아갈 것이다.

사람들은 水素를 原料로 使用하는 自動車가 開發되어 올림픽 競技에서 走者를 先導하는 等 現實的으로 利用되고 있는데 이런 結果는 水素車의 開發이 成功한 것이 아니겠느냐 反問할 것이다.

그러나 그건 皮相的인 知識만 갖고 있을 뿐 原理를 正確히 理解하지 못한 데 起因한 反問일 것이다.

實用段階는 아니더라도 無公害의 水素車라는 이름의 自動車가 開發되어 登場한 지도 벌써 오래 前의 일로 틀림없는 事實이다. 그러나 嚴密히 말해서 그 車를 水素車로 呼稱할 수 있을지는 疑問이고 無理가 따를 것이다. 水素에너지를 利用해서 움직이는 水素車로 보기 어렵기 때문이다. 어찌 그런지 그 理由를 알아보아야 할 것이다.

H_2O_1의 記號에서 알 수 있듯이 물은 2個의 水素와 1個의 酸素가 結合해서 만들어지는 結果의 産物이다. 奇異한 現象으로 水素는 적은 量이기는 하지만 몸 體의 表面에 一定量의

電氣(전기)를 附着(부착)하고 다니는 習性(습성)이 있다. 이름하여 水素(수소)의 帶電(대전) 現象(현상)이라 表現(표현)될 수 있을 것이다.

이 또한 또 다른 奇異(기이)한 現象(현상)이 아닐 수 없지만 水素(수소)가 酸素(산소)와 結合(결합)하고 물을 만들 때 水素(수소)는 自己(자기) 體(체)의 表面(표면)에 附着(부착)하고 다니던 電氣(전기)를 털어 버리고 뱉어내는 性質(성질)이 있는 것이다. 純粹(순수)한 水素(수소)가 酸素(산소)하고 結合(결합)하여 물을 造成(조성)시킨다는 理致(이치)가 될 것이다. 그런 理由(이유)에서 水素(수소)와 酸素(산소)가 合(합)쳐지면 若干(약간)의 電氣(전기)를 뱉어 내면서 물이 생기고 排出(배출)되는 것이다. 비록 性能(성능)이 弱(약)한 車(차)이기는 하지만 이때의 電氣(전기)를 모아 水素車(수소차)라는 이름의 自動車(자동차)를 사람들이 開發(개발)하고 있다. 冷情(냉정)히 判斷(판단)해 보면 알겠지만 그런 性格(성격)의 車(차)를 水素車(수소차)로 呼稱(호칭)할 수 있을 일인지 疑問(의문)이 아닐 수 없을 것이다.

적은 量(양)의 電氣(전기)를 얻기 爲(위)해서는 계속하여 많은 量(양)의 水素(수소)와 酸素(산소)를 供給(공급)하여야 하고 投入(투입)시켜야 하는 것이다. 그 結果(결과) 적은 量(양)의 電氣(전기)와 많은 물이 생기면서 排出(배출)되는 것이다. 물이 産出(산출)되는 結果(결과)에서 水素(수소)의 內部世界(내부세계)에 어떤 變化(변화)나 아무런 異常(이상)도 일어나고 있지 않은 事實(사실)을 確認(확인)할 수 있는 것이다.

水素와 酸素는 흔한 元素 物質이기는 하지만 電氣를 産出시키기 爲해서는 계속하여 많은 水素와 酸素를 供給해야 하기 때문에 意外로 많은 經費를 所要로 하는 것이다. 또 電氣가 一定量의 少量으로 限定되어 있기 때문에 性能이 弱한 것이다. 經濟性이 缺如되고 있어 次世代의 自動車로 發展되기 힘든 隘路와 缺點이 따르는 것이다.

理致가 그러함에도 不拘하고 要는 그 自動車를 움직이게 하는 電氣가 水素 內部에서 放出되는 水素에너지로 사람들이 생각하며 錯覺하고 있다는데 問題가 따른다 할 것이다. 더 以上의 發展을 期待할 수 없고 進展의 餘地가 없는 것이다. 執着할 性格이 아닌데도 자꾸만 虛構를 追求하고 있는 것이다.

《宇宙 回歸論》의 글이 提示하고 있는 原理에 따르면 지금의 水素車는 水素의 表面 部位에 붙어다니는 若干의 電氣가 排出되는 것을 利用한 데 不過하다는 것이다. 水素의 內部構造는 搖之不動으로 變化가 없다는 것이다. 그게 事實일 때 도저히 水素車로 呼稱되고 命名될 性格은 아닐 것이다. 그런 原理(원리)에서 지금의 水素車(수소차)를 名實相符(명실상부)의 完璧(완벽)한 水素車(수소차)로 말하기는 어려울 것이다. 直接(직접) 水素(수소)에너지를 利用(이용)하고 應用(응용)한 原理(원리)가 아니기 때문에 水素車(수소차)로 主張(주장)되기에는 無理(무리)가 따를 것이다.

公害(공해)가 隨伴(수반)되지 않고 誘發(유발)하지 않는 일이야 큰 長點(장점)이지만 原理上(원리상) 지금의 水素車(수소차)는 더 以上(이상)의 發展(발전)이나 性能向上(성능향상)을 期待(기대)하기는 어려울 것이다. 車(차)를 움직이게 하는 電氣(전기)가 直接的(직접적)인 水素(수소)에너지가 아니고 附帶電氣(부대전기)의 間接(간접) 에너지이기 때문에 排出(배출)될 더 以上(이상)의 電氣量(전기량)이 없게 되는 것이다.

水素(수소)가 人間(인간)을 비롯한 生物(생물)한테 致命的(치명적)인 危害(위해)를 加(가)해 오는 可恐(가공)한 中性子(중성자)로 變(변)하는 性格上(성격상) 에너지를 얻고자 水素(수소)를 破壞(파괴)하는 일은 無謀(무모)한 일일 뿐 試圖(시도)해서는 될 일이 아닐 것이다. 또 더 以上(이상) 排出(배출)될 電氣量(전기량)이 없는데 水素車(수소차)의 性能(성능)을 向上(향상)시키고자 努力(노력)하는 일은 緣木求魚(연목구어)의 至難(지난)한 일일 뿐 無望(무망)한 일이 될 것이다. 徒勞(도로)의 虛事(허사)에 지나지 않을 일일 것이다. 時間(시간)과 精力(정력)의 消費(소비)일 뿐 費用(비용)의 浪費(낭비)만을 助長(조장)하는 結果(결과)로 이어질 일이기 때문이다.

人類의 未來에너지를 開拓하고 開發하고자 念願하는 研究團體나 企業體들은 果敢히 視線을 돌려 磁力의 無動力 發電을 研究 開發하는 데 一路 邁進하고 總力을 傾注해야 할 것이다. 次世代의 에너지를 解決할 命運을 磁力의 無動力 發電에 堵할 수밖에 없을 것이다. 磁力의 無動力 發電에 死活을 걸 수밖에 달리 道理가 없으며 方法이 없기 때문이다.

지 역 발 전 문 답 문

地域 發展 問答文

《宇宙 回歸論》의 책 속에는 觀光振興과 宇宙 映像産業의 育成策 等 著者의 고장인 群山을 크게 發展시킬 要素의 素材가 있는 것으로 생각되는 것이다. 刮目相對의 要素일 것이다.

《宇宙 回歸論》의 책에 根據한 宇宙村 觀光産業團地를 이 고장 사람들이 合心하여 立案하고 造成시킨다면 눈부신 地域發展이 促進되면서 數많은 사람들의 生活 터전이 形成되어 갈 것으로 보인다. 觀光産業 振興과 宇宙 映像産業의 育成이라는 望外의 地域發展을 實現시킬 수 있을 것이다. 뿐만 아니라 磁力의 無動力 發電 硏究團地를 이 고장에 設定하고 誘致시킨다면 錦上添花의 效果 또한 期待할 수 있을 것이다. 自己 고장을 가꾸어야 할 이 地域 住民들의

覺醒(각성)과 奮發(분발)을 促求(촉구)하지 않을 수 없는 事項(사항)이라 생각되는 것이다.

다음 글은《宇宙(우주) 回歸論(회귀론)》의 著者(저자)와 KCN 금강 放送(방송)의 ○○○아나운서 間(간)에 進行(진행)된 對話(대화)를 記錄(기록)한 問答文(문답문)이다. 새로운 宇宙(우주)의 眞實(진실)을 밝힌 學問(학문)의 發祥地(발상지)를 基礎(기초)로 하여 未來指向性(미래지향성)의 觀光産業(관광산업)을 育成(육성)하고 數(수)많은 人口(인구)의 生活(생활)터전이 마련될 地域發展(지역발전)을 成就(성취)시킬 要素(요소)가 宇宙(우주) 回歸論(회귀론)의 책 속에 있다 하는 것이다. 數(수)많은 人口(인구)의 生活(생활)터전이 마련된다면 도대체 얼마나 많은 人口(인구)의 生活(생활) 터전이 마련될 수 있다는 말일까? 正確(정확)한 斷言(단언)이야 할 수 없지만 적게는 數(수)萬名(만명)에서 많게는 數十萬名(수십만명)의 人口(인구)로 伸張(신장)될 性格(성격)으로 至大(지대)한 發展性(발전성)이 展望(전망)되는 것이다.

그 뿐만이 아니라《宇宙(우주) 回歸論(회귀론)》의 책에 基礎(기초)한《宇宙(우주) 哲理館(철리관)》이 이 고장에 設立(설립)되고 세워진다면 大單位(대단위) 新種(신종) 觀光産業(관광산업)이 振興(진흥)되고 더불어 새로운 宇宙像(우주상)에 立脚(입각)한 多樣(다양)하고 눈부신 映像産業(영상산업)이 育成(육성)되어 劃期的(획기적)인 地域發展(지역발전)을 期待(기대)할 수 있다는 것이다. 結論的(결론적)으로 말하면 이 고장의

面貌를 一新할 產業生產이 振興될 수 있다 하는 것이다. 또 無動力 發電의 硏究團地를 誘致하고 造成시킨다면 이 고장이 人類의 次世代에너지를 解決할 前進基地의 役割을 遺憾없이 遂行하면서 이 民族이 世界의 人類를 爲해 多大한 貢獻을 하고 寄與할 수도 있을 것이다. 虛構의 誇張된 말이 아니고 事實인지 이 民族과 이 地域民이 나서서 確認하고 檢討하여야 할 問題이고 內容일 것이다.

問答文

> ※ 다음의 地域發展 問答文은《宇宙 回歸論》의 책에 基礎하고 立脚해서 宇宙村 觀光產業團地를 造成시키고 數많은 사람들의 生活터전이 마련될 地域發展을 成就시킬 수 있을 것인가의 與否를 打診해 본 內容이다.

問 : KCN 금강放送의 ○○○입니다. 새로운 產業生產을

創出하여 群山이라는 이 地域을 劃期的으로 發展시키고 進一步하여 面貌를 一新하게 할 希望의 要素를 간직하고 있는 책이 이 地域 出身의 著者에 依해 著述되었다고 하기에 KCN 금강放送의 招待席에 先生님을 招請하게 되었습니다. 先生님의 姓銜은 누구이시고 具體的으로 어떤 內容의 책을 쓰셨는지요?

答 : 이름은 蔡璉錫이라고 합니다. 去頭切尾하고 結果부터 말한다면 이제까지 地球上의 어느 누구도 밝힌 바 없는 새로운 世界이자 未知의 領域인 宇宙의 眞實을 그 책이 眞實에 立脚하여 올바르게 밝히고 있다 하는 것입니다.

人類 歷史上 最初로 宇宙의 眞實을 克明하게 밝힌 業績을 그 책이 成就시켰다는 뜻이 될 것입니다. 그 책은 宇宙의 眞實을 밝힌 데 局限하지 않고 있는 것입니다.

무엇보다도 看過될 수 없는 重要한 內容은 그 책 속에 있는 새로운 知識과 素材가 應用과 活用의 如何에 따라서 無限한 産業生産을 創出하고 群山地域의 이 고장을 새롭고 눈부시게 發展시킬 要素로 浮上하고 登場하게 될 수도 있다는 데 있는 것입니다.

具體的으로《人類를 救할 無限에너지》와《宇宙 回歸論》의 책을 出刊하고 있습니다. 즉 그 책들은 大規模의 宇宙村 觀光團地와 未來産業인 無動力 發電의 硏究團地를 造成시켜 이 고장을 크게 發展시킬 素材를 간직하고 있기 때문에 希望의 要素가 될 수 있다 하는 것입니다.

그 두 卷의 책이 직접 群山 地域을 發展시킨다는 內容은 아닌 것입니다. 그러나 이 고장의 사람들이 그 책들의 內容을 잘 分析하고 把握하여 確認해서 自己들의 財産으로 만들고 消化시킬 수 있다면 應用과 活用의 如何에 따라서 群山地域의 이 고장은 새롭고 눈부시게 發展될 수 있으며 나아가 面貌를 一新하게 할 産業生産을 創出할 수도 있을 것이다 하는 뜻인 것입니다.

問 : 先生님은 그 두 卷의 책 以外에도 많은 著書를 남기셨다고 하던데요……?

答 : 누구도 눈여겨보는 사람이 없는 不世出의 책이기는 하지만 그 두 卷의 책 以外에《大東方國의 挫折》,

《世上萬物의 理致》,《天地는 무엇인가》와 또《目不忍見의 不汗黨이구만 (上下卷)》,《이름字의 明暗》을 世上에 내놓은 바 있습니다.

問：이번에 出刊된 책의 內容이 무엇인지 簡略하게 說明해 주시면 고맙겠습니다.

答：汚染을 加重시키면서 地球의 環境을 劣惡하게 惡化시키고 破壞하여 生物과 人間의 生存을 威脅하는 石油와 또 엄청난 災殃을 불러 일으킬 危險한 要素를 안고 있는 原子力 核 發電을 代身하여 次世代의 人類가 依支하고 살아가기에 充分한 無限에너지의 要素가 地球上에 充滿되어 無限量으로 保存하고 있다는 原理를 分析하여 克明하게 밝히고 있는 것입니다. 이 無限量으로 保存되어 存在하는 에너지는 磁石의 磁力에너지이지만 無動力發電의 技術的인 方法으로 誘導해서 使用할 수 있는 無公害의 電氣에너지인 것입니다. 人間이 이 無限에너지를 技術的인 方法으로 誘導하고 開發해서 쓸 수 있을 때 人類社會는 더 以上 에너지 걱정을 하지 않아도 될 것입니다.

枯渴이 臨迫한 石油와 危險하기 이를 데 없는 核發電을 代替하여 次世代의 人間이 必要로 하는 에너지를 充足시키면서 地球를 原狀의 快適한 環境으로 回復하고 蘇生시킬 수 있는 希望의 要素이기 때문에 必然的으로 그 에너지의 研究 開發이 進行될 수밖에 없을 것입니다.

에너지의 轉換時期가 臨迫하고 있다는 뜻도 되지만 未久에 無限에너지의 研究 開發이 進行될 수밖에 없을 추세인 것입니다. 이 에너지가 開發될 때 自動車는 燃料 없이 땅위를 그냥 달리게 될 것입니다. 새로운 世上의 到來가 豫告되고 있다 할 것입니다.

《人類를 救할 無限에너지》의 책은 그에 對한 知的 所有權을 保有하고 있는 것입니다. 이 에너지의 研究 開發團地를 知的 所有權을 確保하고 있는 群山의 이 地域으로 誘致할 수 있다면 이 고장은 長足의 發展을 成就시킬 것으로 期待되는 것입니다.

그 뿐만이 아니라《宇宙 回歸論》의 책에서는 이제까지 人類의 그 누구도 近接한 일이 없는 未知의 領域이고

前人未踏(전인미답)의 世界(세계)인 重力(중력)의 原理(원리)와 또 物質(물질)의 根源(근원)이 무엇인가를 밝히고 있는 것입니다. 失禮(실례)되는 質問(질문)이겠습니다만 進行者(진행자)의 體重(체중)이 얼마나 되지요?

問(문) : 저의 몸무게 말입니까? 참으로 失禮(실례)되는 質問(질문)이시군요. ○○kg입니다.

答(답) : ○○kg이라는 사람의 體重(체중)이 어떤 原因(원인)에서 생기는지 그 原理(원리)를 밝히고 있는 것입니다. 비단 사람뿐만이 아니라 物體(물체)가 갖는 무게, 즉 萬物(만물)이 行使(행사)하는 引力(인력)이 어떤 原因(원인)에서 생기고 作用(작용)되는지 重力(중력)의 原理(원리)를 明確(명확)하게 밝히고 있는 것입니다.

重力(중력)의 原理(원리)는 宇宙(우주) 生成(생성)의 原理(원리)이기도 하지만 '萬有引力(만유인력)의 原理(원리)'로 規定(규정)하고 表現(표현)될 수도 있을 것입니다. 數世紀(수세기) 前(전) 英國(영국)의 뉴턴이 提示(제시)한 '萬有引力(만유인력)의 法則(법칙)'이 있습니다. '萬有引力(만유인력)의 法則(법칙)'은 物體(물체)가 作用(작용)하는 引力(인력)에 對(대)해서만 擧論(거론)하고 있을 뿐이지 萬有引力(만유인력)이 어떤 原因(원인)에서 생기고 行使(행사)되는지 原理(원리)를 밝히고 있는 일은 아닌 것입니다.

物體(물체)가 行使(행사)하는 重力(중력)은 그 要素(요소)가 무엇이냐 하면 水素(수소)와 水素(수소)의 變形(변형)인 中性子(중성자)가 重力波(중력파)를 結合(결합)시켜 끊임없이 내보내고 들이마시는 生理的(생리적) 呼吸作用(호흡작용)으로 行使(행사)된다는 事實(사실)을 밝히고 있는 것입니다. 宇宙(우주)를 經營(경영)하는 本質(본질)과 根源(근원)도 地球上(지구상)의 生物(생물)처럼 숨을 쉰다는 原理(원리)를 發見(발견)하고 있는 것입니다. 水素(수소)는 地球上(지구상)에도 흔하게 있으며 가장 가벼운 物質(물질)로 基本元素(기본원소)입니다. 그러나 中性子(중성자)는 잘 모르고 있을 것입니다. 水素(수소)가 傷處(상처)를 입고 變(변)한 殘骸(잔해)가 바로 中性子(중성자)입니다. 水素(수소)가 恒星(항성)에너지라는 太陽(태양)에너지를 放出(방출)하고 傷處(상처)를 입으면 中性子(중성자)가 되는 것입니다.

놀라운 結果(결과)이지만 水素(수소)를 除外(제외)한 地球上(지구상)의 모든 元素物質(원소물질)이 例外(예외)없이 모두 中性子(중성자)로 結合(결합)되어 造成(조성)되고 있는 事實(사실)이 解剖(해부)되어 確認(확인)되고 있는 것입니다.

地球上(지구상)에서 가장 무거운 元素物質(원소물질)은 230個(개) 內外(내외)의 中性子(중성자)가 結合(결합)해서 造成(조성)시킨 放射能(방사능) 物質(물질)이라는 우라늄 同位元素(동위원소)들입니다. 우라늄 元素物質(원소물질)이 中性子(중성자)로 結合(결합)되어 造成(조성)되고 있다는 뜻은 모든 物質(물질)이 中性子(중성자)로 結合(결합)되어

造成되고 있다는 結果로 歸着될 것입니다.

이 우라늄 元素가 지금 한창 核分裂을 일으키면서 中性子로 分解되고 있는 것입니다. 核分裂 物質인 우라늄 元素는 原子彈이나 核發電의 原料로 利用되고 있는데 核分裂로 分離되어 나오는 中性子는 人間을 爲始한 모든 生物을 無差別 殺傷시키는 致命的인 要素로 可恐한 存在인 것입니다. 이제까지 全혀 알려지고 있지 않은 새로운 知識이지만 우라늄 元素의 核分裂로 分離되어 나오는 中性子가 電素粒子인 옷을 주워 입고 本是의 水素로 回生하는 結果도 確認되고 있는 것입니다.

한편《宇宙 回歸論》의 글에서는 宇宙의 根源과 本質이 무엇인가를 窺知할 수 있는 마지막 關門인 物質의 根源을 밝히고 있는 것입니다.

이제 그 두 卷의 책으로 宇宙의 眞實과 本質을 바르게 엿볼 수 있고 明確하게 밝혀갈 수 있게 된 것입니다.

物質의 根源은 永遠不變인 陰과 陽의 電素粒子이며 이들이 組織되어 基本元素인 水素로 存在하고 있다는 事實이

確認되고 있는 것입니다. 사실 宇宙空間의 모든 빛나는 恒星은 例外없이 水素로 構成되고 있는 것입니다.

따라서 宇宙는 本質的으로 水素밖에 存在하고 있지 않다는 結果로 歸結될 것입니다.

全혀 生疎한 말이 되겠지만 이 水素가 現在 太陽에서 進行되고 있는 核融合의 過程을 거쳐 地球上의 各種 元素物質을 造成시켰다는 原理를 밝히고 있는 것입니다.

숨을 쉬는 水素가 引力을 作用하면서 서로를 結集시켜 天體를 만들고 傷處를 입은 水素의 殘骸인 中性子가 元素物質을 造成하고 있지만 그 中性子가 呼吸을 하고 있는 德으로 地球는 흩어지지 않고 둥그런 形態를 維持하고 있다는 理致가 될 것입니다. 또 恒星인 太陽이 放射하는 에너지의 本質은 水素 속의 電素子이며 이들 電素子가 나와 結合하고 排列되어 造成시킨 結果의 産物이 太陽에너지라는 事實도 밝히고 있는 것입니다. 水素 속의 電素子가 나와 結合하고 排列하는 順序에 따라 各種 太陽에너지가 造成되고 秒速 30萬km의 빠른 速度로 宇宙空間을 疾走하는 에너지가 된다는 것입니다.

物質의 根源과 重力의 原理, 나아가 恒星인 太陽이 放出하는 에너지의 本質은 宇宙를 經營하고 事物의 理致를 일으키는 根本要素이기 때문에 '格物·致知'의 思想으로 孔子以來 2500年 동안 儒學인 東洋의 學問이 糾明하고 解得하고자 온갖 心血을 기울여 온 至大한 課題이었습니다. 그러나 執拗한 그런 努力에도 不拘하고 지금에 이르기까지 밝혀지고 있지 않았던 것입니다.

그런데 驚天動地의 놀라운 일이 벌어지고 있는 것입니다.

孔子 以來 朱子를 거쳐 現在에 이르기까지 2500年 동안이나 풀리지 않고 있던 '格物·致知'의 뜻이《人類를 救할 無限에너지》와《宇宙 回歸論》의 글에 依해서 明瞭하고도 克明하게 解得되기에 이른 것입니다.

놀라운 結果이지만 '格物 · 致知' 思想의 解得으로 事物의 理致가 克明하게 풀리게 되었으며 宇宙의 眞實이 明確하게 밝혀지기에 이르른 것입니다. 물이 있고 生物이 棲息하고 있으며 人類歷史라는 文化를 構築한 地球라는 天體, 즉 太陽의 세 번째 軌道를 돌고 있는 行星인 地球가 어디에서 오고 어떻게 만들어져 起源되었으며 어떤 終末을 向해서 가고 있는지를 完全無缺하게 밝히고 있는 것입니다. 聞一知十이라 했으니 地球의 生成을 알게 되면 宇宙의 全體 實相도 따라서 알게 될 일일 것입니다.

宇宙는 여러 가지 造化를 일으킨 地球 같은 行星이 가장 複雜한 天體인 것입니다. 그런 複雜한 天體의 秘密이 풀리고 解知되었다면 宇宙는 더 以上 未知의 領域이나 世界는 없게 된다는 理致가 될 것입니다.

問 : 萬一 著者께서 宇宙의 眞實을 바르게 밝혔다면 著者는 《世上萬物의 理致》를 밝힌 哲理者로 事物의 理致에 通達하고 있다는 뜻이 아니겠습니까? 哲理者로 呼稱되어 마땅하겠군요.

答 : 이미 《世上萬物의 理致》라는 책을 出刊하였으며 毛遂自薦이라는 말이 있긴 해도 自請하고 나설 일은 아닐 것입니다. 그러나 이 民族이 나서서 確認하고 그런 業績이 事實로 認定될 때는 哲理者로 呼稱된다 해도 無妨한 일이

될 것입니다. 理致(이치)야 어디까지나 그렇지만 그러나 그게 그리 쉬운 일은 아닐 것입니다. 모르긴 해도 도리어 反撥(반발)하고 나오기 일쑤일 것입니다.

여러분은 "語不成說(어불성설)의 말도 되지 않는 虛荒(허황)된 소리일 것이다. 이제까지 人類(인류)의 그 누구도 近接(근접)한 일이 없으며 明瞭(명료)하게 解得(해득)한 바 없는 宇宙(우주)의 眞實(진실)을 하필이면 어찌 이 고장 出身(출신)의 著者(저자)에 依(의)해서 밝혀질 수 있을 일이겠는가?" 하면서 터무니없다 하고 一笑(일소)에 붙일 수도 있을 것입니다. 참 웃긴다 하면서 오히려 嘲笑(조소)나 보내지 않으면 多幸(다행)한 일일 것입니다. 그러나 이제까지 모르고 있던 일이라고 해서 앞으로도 계속 모르고 있어야 한다는 理由(이유)는 成立(성립)되지 않을 것입니다. 哲學的(철학적)인 學問(학문)의 世界(세계)란 모르는 바탕에서 曰可(왈가)曰否(왈부)하며 一方的(일방적)으로 拒否(거부)하고 排斥(배척)할 領域(영역)이 아닐 것입니다. 於此彼(어차피) 宇宙(우주)의 眞實(진실)도 結局(결국)은 한 사람에 依(의)해 解明(해명)될 性質(성질)이기 때문입니다.

자칫 잘못하면 오히려 賊反荷杖(적반하장)의 경우에 흐르기 쉽지만 哲學的(철학적)인 學問次元(학문차원)의 問題(문제)를 理解(이해)해 달라는 뜻이라기보다는 이 고장 사람들이 看過(간과)해서는 안 될 重要(중요)한 일이 그들 책 속에 있다 하는 것입니다. 그들 책 속에 이 地域(지역)을 눈부시게 發展(발전)시킬 稀貴(희귀)한 寶貨(보화), 즉 貴重(귀중)한 奇貨(기화)가 숨겨져 있으니 반드시 確認(확인)하고 發掘(발굴)하여 이 고장의 利益(이익)으로 活用(활용)되었으면 하는 所望(소망)인 것입니다.

'格物(격물)·致知(치지)'는 誠意(성의)·正心(정심) 修身(수신)·齊家(제가) 治國(치국)·平天下(평천하)로 이어지지만《論語(논어)》《孟子(맹자)》《大學(대학)》《中庸(중용)》인 四書(사서)의《大學(대학)》에 올라 있습니다. 朱子(주자)와 王陽明(왕양명)이 '格物(격물)·致知(치지)'의 解得(해득)에 心血(심혈)을 기울인 逸話(일화)는 너무도 잘 알려진 歷史的(역사적)인 事實(사실)인 것입니다.

'格物(격물)'로 明示(명시)된 '物質(물질)의 根源(근원)'과 '重力(중력)의 原理(원리)' 또 나아가 '太陽(태양)인 恒星(항성)에너지의 本質(본질)'이 무엇인지 바르게 밝혀지고 이들 세 要素(요소)들이 展開(전개)하는 事物(사물)의 理致(이치)와 宇宙(우주)의 現況(현황)이 明白(명백)하게 밝혀진 結果(결과)는 宇宙(우주)의 眞實(진실)이 한 치의 誤差(오차)도 없이 明確(명확)하게 밝혀지고 있다는 뜻이 되는 것입니다.

《宇宙(우주) 回歸論(회귀론)》과《人類(인류)를 救(구)할 無限(무한)에너지》의 책은 宇宙(우주)의 眞實(진실)을 밝히고자 窮理(궁리)한 純全(순전)히 學問的(학문적)인 次元(차원)의 內容(내용)이 된다 하겠습니다만 놀랍게도 그들 책 속에는 새로운 產業(산업)을 創出(창출)해서 이 고장을 눈부시게 發展(발전)시키고 面貌(면모)를 一新(일신)할 生產性(생산성)의 대단한 奇貨(기화)와 要素(요소)가 숨겨져 있다 하는 것입니다.

誇張(과장)의 虛荒(허황)된 主張(주장)이 아니라 이 고장의 사람들이 그 책속에 있는 知識(지식)과 素材(소재)를 바탕으로 意見(의견)을 糾合(규합)하고 合心(합심)하게 되면 長足(장족)의 發展(발전)을 成就(성취)시킬 至大(지대)한 生產性(생산성)의 要素(요소)가 있는 것입니다. 刮目相對(괄목상대)의 脚光(각광)을 받으면서 더불어 이 地域(지역)의 面貌(면모)를 一新(일신)하게 할 生產性(생산성)의 要素(요소)인 만큼 無視(무시)하거나 傍觀(방관)해서 될 일이 아닐 것이라 하는 것입니다.

問(문) : 그러니까 이 고장의 群山市民(군산시민)들이 그 책의 內容(내용)을 눈여겨 잘 檢討(검토)하고 分析(분석)하여 숨겨진 奇貨(기화)의 寶物(보물)을 찾아 가꾸고 다듬어 有益(유익)하고 有用(유용)하게 活用(활용)한다면 長足(장족)의 地域發展(지역발전)을 成就(성취)시킬 可能性(가능성)이 排除(배제)되지 않는다 그런 뜻이 아니겠습니까? 나아가지도 못하고 그렇다고 물러설 수도 없는 進退兩難(진퇴양난)의 궁색한 處地(처지)에서 進取的(진취적)이고도 새로운 希望(희망)을 갖게 될 것이라는 뜻이 되겠군요.

答(답) : 賢明(현명)한 視覺(시각)의 着想(착상)이며 判斷(판단)이라 하겠습니다. 그렇습니다. 그런 경우 이 고장은 瑞光이 찾아오게 되고 刮目할 發展相의 未來를 展望하게 될 것입니다. 그러나 그들 책은 原理와 知識을 提供하는 데 지나지 않을 것입니다. 그런 理由에서 地域社會의 面貌를 一新하게 할 産業生産이나 地域發展이 市民의 進取的인 努力과 開拓精神의 意慾없이 저절로 成事될 性格은 아닐 것입니다.

'부뚜막의 소금도 집어 넣어야 짜다'는 俗談도 있습니다만 '玉不琢이면 不成器'라는 先賢의 가르침을 銘心해야 하고 疏忽히 하면서 外面하고 無視해서는 될 일이 아닐 것입니다. 玉도 쪼고 다듬지 않으면 有用한 그릇이 되지 않는다 하는 것입니다. 이 고장을 눈부시게 發展시킬 아무리 좋은 要素의 知識과 素材가 있다 해도 사람들이 나서서 有用한 그릇으로 가꾸고 다듬지 않으면 地域發展을 成就시킬 수 없으며 寄與할 수 없게 될 것입니다.

그들 책 속의 知識과 素材들을 새로운 産業으로 育成하고 生産으로 連結시켜 地域發展을 成就하고 促進시키기 爲해서는 무엇보다도 먼저 그들 두 책의 內容이 무엇인가를

涉歷(섭력)해서 알고 있을 必要(필요)가 있을 것입니다. 책이 眞實(진실)을 말하고 있는가를 確認(확인)해야 할 일이기 때문입니다. 知識(지식)이 없고 모르는 바탕에서는 産業生産(산업생산)과 地域發展(지역발전)을 成就(성취)시킬 수 없을 것이며 發展動機(발전동기)를 造成(조성)하고 促進(촉진)시킬 對話(대화)나 對策(대책)이 順調(순조)롭고 圓滿(원만)하게 進行(진행)될 수 없을 것입니다.

問(문) : 至當(지당)하신 論理(논리)인 것 같군요. 그렇다면 市民(시민)들이 나서서 그들 책을 반드시 읽고 知識(지식)으로 해야 할 必要(필요)가 있다는 結論(결론)이 아니겠습니까?

책을 읽고 知識(지식)을 얻기 爲(위)해서는 많은 사람들이 그들 책을 사서 보아야 한다는 경우가 될 것입니다. 어쩌면 책의 購入(구입)을 强要(강요)하는 印象(인상)이 짙다 할 수도 있겠습니다. 誤解(오해)일지 모르지만 그런 素地(소지)가 짙은 妙(묘)한 方向(방향)으로 事態(사태)가 進展(진전)되는 것 같은데 그렇지 않은가요?

答(답) : 그러고 보면 進行者(진행자)는 相當(상당)히 銳利(예리)한 視覺(시각)의 所有者(소유자)인 것 같습니다. 좋은 책이면 많이 볼수록 多多益善(다다익선)이겠지만 그러나 이번 경우 그런 誤解(오해)의 素地(소지)가 濃厚(농후)하며 疑心(의심)을 받을 餘地를 拂拭할 수 없다 하겠습니다. 視角에 따라서는 책의 販賣를 促進시키기 爲한 動機에서 不純한 發想의 馬脚을 드러내고 있는 게 아니냐 할 수도 있겠습니다. 그러나 著者는 '義를 보고 이를 行하지 않으면 君子가 아니다' 하는 先人의 가르침을 따르고 있는 사람입니다.

'瓜田不納履이요 李下不整冠이라'는 太公의 말대로 오이밭에서 신발을 고쳐 신지 말고 오얏나무 밑에서 갓을 고쳐 쓰지 않았어야 옳았을 것입니다. 君子는 不處嫌疑間이라 했으니 의당히 嫌疑를 받을 곳에는 서 있지 않았어야 했을 것입니다.

반드시 事前에 알아야 일이 進行되고 圓滿하게 成事될 性格이었기 때문에 於間의 經由와 事情을 說明하고 理解시키려는 過程에서 不得이 그런 疑惑과 誤解를 불러 일으키고 忌避할 수 없게 된 일이 못내 遺憾된 結果로 이어지게 되어 대단히 悚懼할 따름인 것입니다.

그러나 그런 見解나 先入觀은 烏飛梨落, 즉 까마귀 날자 배 떨어진다는 俗談처럼 공교로운 일로 偶然의 一致에 지나지 않을 것입니다. 사실 이들 책의 경우 販賣는 오직

出版社에서 管掌할 問題였지 著者하고는 아무런 相關도 없는 事情인 것입니다.

於間의 事情이야 어떻든지 間에 책을 쓴 著者의 立場에서는 知識을 傳達하는 게 使命이고 目的이기 때문에 책을 사서 본다면 그 以上의 고마운 일이 없을 것입니다.

책 속에 있는 內容이 重要한 知識과 素材로 登場하고 産業生産으로 이어져 이 地域發展에 寄與하면서 貢獻되기 爲해서는 반드시 人口에 膾炙되어 說往說來의 論難이 일고 衆論이 糾合되어야 할 必要가 있는 것입니다. 그래야만 著者와의 對話가 進行될 수 있고 有用한 知識과 情報를 傳達받아 效果的인 産業生産을 實現시키면서 찬란한 地域發展을 成就시킬 壯途에 오를 수 있는 것입니다.

問 : 듣고 보니 著者의 說明과 論理에도 理路整然한 當爲性의 理由가 있다 하겠습니다. 그렇다면 學問的인 책의 內容이 어떻게 새로운 産業生産을 創出하고 文化와 經濟發展을 促進시켜 이 고장의 面貌를 一新할 發展相을

成就할 것인지 具體的인 方策을 說明해 주신다면 고맙겠습니다.

答 : 物質의 根源과 또 重力의 原理, 나아가 恒星인 太陽에너지의 本質을 '格物·致知'에 바탕한 東洋의 學問이 밝히고 糾明했다는 結果는 宇宙의 眞實과 事物의 理致를 東洋의 物理思想과 宇宙思想이 眞實에 立脚해서 옳고 克明하게 밝혔다는 뜻이 되는 것입니다.

이 民族의 一員이고 이 고장 胎生의 著者에 依해 그런 業績이 成就되고 宇宙의 眞實이 바르게 밝혀졌다면 이 나라와 群山의 이 고장은 宇宙의 眞實을 밝힌 地球上에서 唯一한 땅으로 學問의 發祥地가 될 것입니다.

孔子의 《韋編三絶》이 있은 以來 2500年 동안 밝히지 못한 宇宙의 眞實을 어떻게 《宇宙 回歸論》과 《人類를 救할 無限에너지》의 책에서 밝힐 수 있겠느냐 할 것입니다. 그게 바로 重要한 要点이라 할 것입니다.

奧妙한 哲理를 간직하고 있는 東洋의 物理思想이 宇宙의 眞實과 事物의 理致를 밝힌 게 어김없는 事實이어서 덮어

놓고 否認과 外面으로 一貫할 일이 아닐 것입니다.

自己 고장의 發展을 圖謀하고 促進시키기 爲해서는 모두가 나서서 그 책들이 정말로 宇宙의 眞實을 한 点의 疑惑없이 鮮明하게 밝히고 있는가의 與否를 반드시 確認해야 할 것입니다. 眞否를 반드시 確認하고 事實이라면 最大限 活用해서 地域의 固有財産으로 發掘하여 育成하고 定着시켜야 할 것입니다.

어찌 그러느냐 하면 지금까지 밝혀지고 있지 않은 宇宙의 새로운 眞實 속에는 이 고장을 劃期的으로 發展시킬 수 있는 刮目할 要素의 素材가 있기 때문인 것입니다.

이제까지 人間이 全혀 經驗한 일이 없는 새로운 知識과 未知의 新世界가 無窮無盡하고도 限없이 펼쳐지고 있는 것입니다. 宇宙의 새로운 眞實을 밝힌 學問의 發祥地를 基礎로 하여 觀光 敎育 學問 硏究 創作 展示 觀察 觀覽 等을 爲始해서 宇宙 映像産業이라는 幅 넓은 種類의 無限한 産業生産의 要素가 宇宙의 새로운 世界에 潛伏 內在되고 있는 것입니다.

지금까지 人間의 그 누구도 想像할 수 없었고 經驗한 일이 없는 前人未踏의 新世界에 潛伏되어 있는 未來知識의 映像을 創出하고 製作 硏究 展示해서 新種 觀光의 産業生産으로 連結시켜 이 고장을 눈부시게 發展시킬 수 있는 要素인 것입니다.

그러기 爲해서는 새로운 概念의 廣範圍하고도 大規模의 多樣한 宇宙 哲理館이 세워져야 할 것입니다. 未開拓 分野의 헤아릴 수 없이 많은 生産性의 要素이지만 硏究 開發 製作 觀覽 展示 等의 數많은 種類의 多樣한 宇宙 哲理館이 반드시 세워져야 할 必要가 있는 것입니다.

그런 財源을 어떻게 捻出할 수 있을 것인가 그게 問題이기는 하지만 뜻이 있는 곳에 길이 있을 것입니다. 그 宇宙 哲理館이 이 고장에 세워진다면 그걸 基礎로 群山 地域은 刮目하게 發展할 壯途에 進入하게 될 것입니다.

그런 要素들이 바로 이 고장을 새롭고 눈부시게 發展시킬 根源이고 原動力이 된다 할 것입니다.

問 : 그 方面에 對한 知識을 갖고 있지 않은 門外漢이지

만 냉큼 理解할 수 없고 首肯되지 않는 部分이 있습니다. 知識이 미치지 못하여 새로이 糾明된 宇宙의 眞實 속에 이 고장을 刮目하게 發展시킬 여러 가지 産業生産性의 要素가 있는지 그 與否를 判斷하기는 어렵겠습니다.

그러나 무엇보다도 疑問되는 点은 宇宙의 眞實이 하필이면 그들 책에서만 밝혀졌다 主張될 性格인가 하는 것입니다. 人類文明이 高度로 發達한 이 時點까지 이르는 동안 다른 學問이나 學說들은 도대체 무엇들을 하고 있었기에 지금까지 宇宙의 眞實이 杳然한 채 밝혀지고 있지 않았느냐 하는 것입니다.

答 : 앞에서도 잠깐 擧論된 일이지만 아무래도 60億에 達하는 地球上의 모든 人口를 제치고 하필이면 著者의 책에 依해서만 宇宙의 眞實이 밝혀질 수 있는 일이겠는가 反問하는 뜻이 아니겠습니까? 그렇다면 進行者께서는 宇宙의 眞實이 무엇인지 알고 있는가요?

問 : 모르지요.

答 : 사람이 한 번 거짓된 말을 하게 되면 그 거짓을 스스로 깨닫고 果敢히 是認하지 않는 限 계속 거짓을 되풀이하고 自己 主張을 貫徹시키면서 固執할 수밖에 없을 것입니다. 宇宙의 現象도 마찬가지의 똑같은 理致일 것입니다.

宇宙說도 한 번 거짓으로 出發하고 糊塗되면 그 거짓을 自覺하고 是正하지 않는 限 도리어 自己 合理化를 爲해 계속 거짓된 主張으로 一貫할 수밖에 없을 것입니다. 그런 경우 宇宙의 眞實은 迷宮인 채 永遠히 밝혀질 수 없는 性格일 것입니다.

過去에 千年의 暗黑時代를 招來했으며 愚昧의 極致였던 天動說이 있었습니다. 한 번의 過誤는 또 다른 誤謬를 犯하고 踏襲하기 마련인지 지금도 宇宙가 한 点으로부터 大爆發을 일으켜 四方으로 퍼져 나가면서 膨脹하고 있다는 잘못 設定된 宇宙 膨脹說이 있습니다.

잘못 設定된 虛構의 宇宙論을 信奉하면서 附和雷同하며 앞 다투어 虛僞를 追求하는 것도 問題이지만 이들 旣存의 宇宙說로는 宇宙의 眞實이 밝혀질 수 없으며 바른대로 밝혀지고 있지 않은 것입니다. 따라서 이제까지 人類의 그 누구도 宇宙의 眞實을 모르고 있는 것입니다.

問 : 이제까지 宇宙論의 根幹을 이루고 있는 宇宙 膨脹說이 眞實을 말하고 있지 않은 虛僞의 誇張된 說이라는 뜻인가요?

答 : 逆說的인 現象으로 그렇다고 볼 수 있겠지요. 人類가 處한 最大의 知的 障碍이고 悲劇이라 할 수 있겠지만 여러분은 지금 虛張聲勢의 虛荒된 虛構의 잘못 되고 倒錯된 宇宙論이 無差別 쏘아대는 거짓으로 理致에 따르지 않는 混亂 속에서 살고 있다 해도 過言이 아닐 것입니다.

宇宙 膨脹說은 一名 빅뱅說이라고도 하는데 宇宙가 어느 날 갑자기 한 点으로부터 大爆發을 일으켜 四方空間으로 퍼져가고 있다 主張되고 있는 것입니다. 事物의 理致에 全혀 符合되지 않고 있으며 盲目的이고도 터무니없는 억지일 뿐 現況의 宇宙하고 一致하지 않는 矛盾에 逢着하고 있는 것입니다. 한 마디로 宇宙思想이 虛構의 잘못된 基礎 위에 세워졌으며 架空의 虛僞이다 할 수밖에 없는 것입니다. 그

런 理由에서 人間은 지금 그런 虛僞를 狂信하며 衆口難防으로 放言하고 있다 表現될 수 있을 것입니다.

物質의 根源이 무엇이고 어떤 原理로 宇宙의 全體 物質이 한 곳으로 集中되고 大爆發을 일으켜 큰 重力을 拒逆하면서 四方으로 퍼져 가는지 아무런 根據도 提示되고 있지 않은 것입니다. 따라서 旣存의 宇宙 膨脹說은 오직 誇大妄想의 虛構일 뿐 宇宙의 眞實을 말하고 있지 않다 할 것입니다.

問 : 旣存의 모든 宇宙論이 例外없이 虛僞의 誇張된 說이라 할 때 唯獨 著者의《宇宙 回歸論》과 《人類를 救할 無限에너지》란 책에서만 宇宙의 眞實을 말하고 있다는 主張이신가요? 事實이기를 바라는 마음이 간절하지만 著者의 책마저 正鵠을 的中시키지 못한 牽强附會의 억지가 되면 어쩌나 걱정이 됩니다.

答 : 走馬看山格인 說明에 머물 수밖에 없지만 우선 宇宙는 膨脹하는 性格이 아니라는 것입니다. 宇宙의 物質的

本質인 水素가 行使하는 重力의 原理에 따라 一定한 領域의 空間에 散在되어 있던 水素가 凝集되어 天體를 만들고 銀河系 小宇宙와 같은 單位 小宇宙를 形成시키고 있다는 것입니다.

宇宙가 太陽과 같은 恒星으로 가득 차서 빛나고 있지만 그 어느 것 하나 盲目的인 破壞를 일삼고 있는 恒星은 없는 것입니다. 모두가 理致에 合當한 나름대로의 原理에 따라 各者 調和의 世界를 經營하고 있는 것입니다.

여기에서는 與件上 細細히 論할 수 없지만 이들 調和의 世界를 解剖하고 分析해서 證明한 글이《宇宙 回歸論》과《人類를 救할 無限에너지》란 책이며 그들 책만이 唯一하게 宇宙의 眞實을 말하고 있다 主張되는 것입니다. 이제까지는 그 누구도 宇宙의 眞實을 모르고 있었지만 앞으로는 바르게 認識할 수 있게 될 것입니다.

架空의 說일 뿐 眞實에 바탕하고 있지 않은 우격다짐의 宇宙像은 頭緖가 없으며 虛僞로 一貫된 虛構이기 때문에 有用한 産業生産으로 이어질 수 없는 것입니다.

그러나 眞實에 立脚하고 事實에 根據하면서 現況의 宇宙와 一致하는 宇宙像은 놀랍게도 無限한 産業生産을 創出하는 要素로 登場하면서 이 고장의 發展을 振作하고 促進시킬 수 있는 것입니다. 이 地域의 사람들은 그런 事實을 留意하고 看過해서는 안 될 것입니다.

東洋의 物理思想과 宇宙思想에 根據하고 있는《宇宙回歸論》과《人類를 救할 無限에너지》란 글 속에서 宇宙의 眞實이 明白하고도 赤裸裸하게 解明되고 있으니 만큼 그런 世界의 素材와 知識의 要素들이 여러 가지 種類의 新種産業을 創出하고 生産으로 이어져 落後된 이 地域을 새로운 次元에서 劃期的으로 發展시키게 될 것이라는 展望인 것입니다. 宇宙의 眞實을 밝힌 地球上의 唯一한 學問의 發祥地로 빛내고 아울러 새로운 産業을 創出하여 이 고장의 發展을 振作하면서 促進되기 爲해서는 그들 책이 정말로 宇宙의 眞實을 한 치의 誤差도 없이 完璧하고도 公明正大하게 解明하고 있는지 그 與否를 이 고장의 여러분은 반드시 確認하고 證明할 必要가 있을 것입니다.

그들 두 卷의 책이 宇宙의 眞實을 어김없이 밝힌 게 事實이라면 自畵自讚의 말이 아니라 이 고장은 地球上에서 最初로 宇宙의 眞實을 밝힌 唯一한 땅으로 記憶되면서 偉大한 學問의 發祥地로 浮上하게 될 것입니다. 人類最大의 業績을 實現하고 成就시킨 地球上에서 唯一無二의 땅이 되기 때문에 사람들은 自然히 그런 矜持를 갖게 될 것입니다.

問 : 그렇다면《宇宙 回歸論》과《人類를 救할 無限에너지》라는 책만이 唯一하게 宇宙의 眞實을 바르게 밝혔으며 그 책 속에 있는 知識과 素材들이 이 地域社會를 새로운 角度에서 發展시킬 産業生産을 創出할 수 있다는 뜻인가요? 정말로 그러하다면 이 고장 사람들은 그냥 凡然히 보아 넘길 일이 아닐 것입니다. 책은 知的 所有權을 保有하고 있는 것으로 알고 있는데 새로운 産業生産을 創出해서 이 고장을 發展시킬 權利를 그들 책이 保障하고 있느냐 하는 것입니다.

答 : 그렇다고 볼 수 있을 것입니다. 이제까지 알려지고 있지 않은 未來知識을 바탕으로 새로운 産業을 創出할 大規模의 宇宙 哲理館이 이 고장에 設立되고 存置하게 된다면 이 고장은 그것을 基礎로 해서 刮目相對의 놀라운 發展을 約束받게 될 것입니다.

여러분은 새로운 原理와 知識의 發見은 出版物에 依한 著作의 權利가 行使되고 知的 所有權이 保障된다는 事實을 留意할 必要가 있을 것입니다. 이 고장의 여러분은 自己한테 주어진 權利를 지킬 義務가 있다 할 것입니다.

著者는 喜怒哀樂의 人生歷程을 함께 해 온 鄕里를 爲해서 宇宙의 眞實을 궁리하고 터득한 모든 知識과 權利를 提供하고자 하는 것입니다. 지나간 이야기이지만 이를 爲해서 著者는 鄕里를 떠나지 않았으며 지키고 있었던 것입니다. 그럼에도 不拘하고 이 고장 사람들이 傍觀과 外面으로 一貫한다면 그들 책의 모든 知識과 權利가 他地域을 찾아 移動할 수도 있을 것입니다. 대단히 不幸한 結果가 되겠지만 그들 책의 知識과 權利가 한 번 外地로 移動되는 경우

다시는 되돌아올 수 없으며 사람들은 그런 事實을 認識해야 할 것입니다. 自己들한테 돌아온 貴重한 財産과 權利를 지키지 못하고 남한테 빼앗기게 될 事項이니 疏忽히 보아 넘길 수 없는 重大한 일이 아닐 수 없을 것입니다.

千載一遇의 機會를 놓치고 自己들의 貴重한 寶貨를 잃으면서 萬代로 이어지는 汚名을 後代들한테 남겨서는 될 일이 아닐 것입니다. 그 때는 追鷄望籬의 경우가 되어 발을 동동 구르고 茫然自失 億丈이 무너지는 後悔를 한다 해도 때는 이미 늦어 所用이 없을 것입니다. 百藥이 無效이고 萬事는 休矣인 것입니다.

問 : 追鷄望籬가 무슨 뜻인가요?

答 : 닭 쫓다가 울타리만 멍하니 쳐다본다는 俗談이지요.

問 : 닭 쫓던 개 울타리만 쳐다본다는 俗談을 말하고 있는가요?

答 : 그건 進行者의 一方的인 言行이지 著者는 그렇게

表現(표현)하고 있지 않았습니다.

問(문) : 어찌 心思(심사)가 便(편)치 않으신 것 같군요. 表現(표현)이야 어떻든 言中有骨(언중유골)인 일이 아닐 수 없을 것입니다. 著者(저자)께서는 지금 은근히 威脅(위협)하면서 이곳 地域民(지역민)을 相對(상대)로 脅迫(협박)을 일삼고 있지 않나 생각됩니다.

알아듣게 말할 때 고분고분 귀를 기울이는 雅量(아량)을 갖는게 모두를 爲(위)해 利(이)로운 일일 것입니다. 그렇지 않은 경우 自己(자기) 밥그릇도 찾아먹지 못하는 큰 損害(손해)를 볼 수밖에 없을 일이며 後代(후대)들한테 지지리도 못난 멍청한 짓을 했다는 叱責(질책)을 免(면)할 수 없게 되고 指彈(지탄)과 汚名(오명)을 萬代(만대)까지 남길 수밖에 없게 될 것이라는 그런 뜻이 아닌가요?

答(답) : 脅迫(협박)이고 威脅(위협)이라…… 재미있는 表現(표현)이군요. 반드시 脅迫(협박)과 威脅(위협)을 일삼고자 한 底意(저의)에서 한 말은 아니었지만 듣고 보니 딴은 그렇게 理解(이해)될 수도 있겠습니다.

차라리 脅迫(협박)이라도 當(당)하고 覺醒(각성)해서 市民(시민)의 힘이 하나로 結集(결집)되어 이 地域(지역)을 一新(일신)할 發展(발전)을 成就(성취)시킬 수 있다면 오히려 多幸(다행)한 일이 될 것입니다.

著者(저자)의 말은 그 만큼 愼重(신중)히 귀를 기울이고 깊이 考慮(고려)하는 바 있어야 하며 智慧(지혜)롭게 대처하여 有終(유종)의 美(미)를 거두고 地域發展(지역발전)을 成就(성취)시켜 찬란하게 跳躍(도약)해야 할 것이라는 뜻인 것입니다. 차려다 준 밥床(상)도 제대로 찾아 먹지 못하는 경우가 되어서는 될 일이 아니기에 衷情(충정)에서 하는 말인 것입니다. 著者(저자)의 一方的(일방적)인 推測(추측)이고 判斷(판단)이기를 바라는 마음이 간절하지만 지금 이 고장은 落後(낙후)된 文化(문화)의 空白地帶(공백지대)일 뿐만 아니라 經濟的(경제적) 沈滯(침체)의 늪에 빠져 많은 사람들이 失意(실의)에 빠진 채 意慾(의욕)을 喪失(상실)하고 있으며 生活苦(생활고)에 시달리면서 呻吟(신음)하고 있지 않나 생각됩니다.

그 端的(단적)인 例(예)가 子女(자녀)들의 敎育(교육)을 爲(위)해서 또 希望(희망)을 찾아서 他地(타지)로 떠나는 人口(인구)가 끊이지 않고 있는 事實(사실)일 것입니다. 사람들은 異口同聲(이구동성)으로 도대체 해먹고 살아갈 業(업)이 없다고들 말합니다.

누가 이 고장을 지키겠습니까? 希望(희망)의 未來(미래)를 開拓(개척)하고 일자리를 創出(창출)하며 跳躍(도약)하기 爲(위)해서는 智慧(지혜)롭고 賢明(현명)한

市民의 勇氣가 絶對的으로 必要할 것입니다.

이 고장을 지키고자 하는 良識과 뜻이 있는 사람들이《宇宙 回歸論》과《人類를 救할 無限에너지》의 글을 보아야 할 理由가 이에 있다 할 것입니다.

市民의 奮發로 刮目할 文化向上을 도모하고 새로운 未來知識을 바탕으로 한 宇宙 哲理館이 세워져 宇宙 映像産業이라는 新種 尖端産業을 育成 成就시킬 때 이 고장은 果敢히 落後를 脫皮하면서 長足의 發展途程으로 突入하고 進入하게 될 것입니다. 더불어 希望이 躍動하고 前例없는 脚光을 또한 받게 될 것입니다.

問 : 이제까지 긴 時間 수고가 많으셨습니다.《宇宙回歸論》과《人類를 救할 無限에너지》의 글을 基礎로 하고 根據로 해서 이 고장의 地域住民들이 渾然一體가 되어 合心하고 奮發하면 이 고장에도 希望찬 未來가 찾아올 것이라는 뜻으로 解釋하겠습니다.

著者께서는 앞으로도 계속하여 이곳 市民한테 有益한 知識을 提供하고 傳達하면서 落後된 이 地域의 文化向上과

經濟發展에 寄與하도록 盡力하시겠지요?

答 : 老馬의 智慧가 發揮되고 地域發展에 도움이 될 수 있다면 좋은 일이겠습니다만 著者의 나이가 많아 이 고장의 發展에 貢獻하고 寄與하게 될지는 未知의 일이라 하겠습니다. 著者는 책을 完成시킴으로써 할 일을 다 했고 이제는 地域民들이 나서서 承繼하고 成就시켜야 할 때라 생각되는 것입니다. 그러나 愚公移山이라는 말도 있으니 힘 닿는 데까지 最善을 다 하도록 努力이야 하겠습니다.

'謀事는 在人이요 成事는 在天'이라 했습니다. 일은 사람이 圖謀하지만 成事는 그 與否가 하늘의 뜻에 달렸다 한 것입니다. 著者도 一戰을 不辭할 覺悟로 未來知識을 傳達하는 데 最善이야 다 하겠지만 成敗는 오직 市民들이 《宇宙 回歸論》과 《人類를 救할 無限에너지》의 책 속에 있는 知識과 素材들을 어떻게 有用한 그릇으로 發掘하여 다듬고 活用하느냐의 硏究와 努力 如何에 달렸다 할 것입니다.

因人成事이고 盡人事 待天命이라 했으니 誠意로 最善을

다 하면 좋은 結實(결실)로 이어지게 될 것입니다.

問(문) : 오늘의 時點(시점)을 契機(계기)로 이 고장에 希望(희망)찬 未來(미래)가 찾아 왔으면 좋겠습니다. 앞에서 말한 孔子(공자)의 '韋編三絶(위편삼절)'과 '老馬(노마)의 智慧(지혜)'는 무슨 뜻인가요?

答(답) : 옛날은 가죽 끈으로 엮은 대발 위에 글을 쓴 것이 책이었습니다. 孔子(공자)가 晩年(만년)에 事物(사물)의 理致(이치)와 宇宙(우주)의 眞實(진실)을 解得(해득)하고자 周易(주역)을 耽讀(탐독)했는데 대발을 엮은 가죽 끈이 자그만치 세 번이나 끊어졌다는 故事(고사)인 것입니다.

孔子(공자)는 周易(주역)에서 宇宙(우주)의 眞實(진실)을 끝내 發見(발견)할 수 없게 되자 그만 周易(주역)의 책을 덮어 버리고 만 것입니다.

한편 '老馬(노마)의 智慧(지혜)'란 孔子(공자) 以前(이전)의 春秋時代(춘추시대)때 있었던 일이었습니다. 桓公(환공)이라는 君主(군주)가 軍隊(군대)를 이끌고 봄에 遠征(원정)길에 올랐는데 돌아올 때는 모진 雪寒風(설한풍)이 휘몰아치는 추운 겨울날이었습니다. 歸路(귀로)의 軍隊(군대)가 휘몰아치는 눈보라 속에서 길을 잘못 들어 깊은 山(산) 속을 彷徨(방황)하며 死境(사경)을 헤매고 있었는데 이때 管鮑之交(관포지교)의 故事(고사)로 有名(유명)한 管仲(관중)이라는 사람이 늙은 말을 풀어 앞세우고 길 案內(안내)를 시켰더니 經驗(경험)이 많은 그 말이 智慧(지혜)롭게 引導(인도)하여 모두를 死地(사지)에서 脫出(탈출)시키고 無事(무사)히 救出(구출)했다는 것입니다.

問(문) : 한 가지만 더 물어보겠습니다. '愚公移山(우공이산)'은 또 무슨 뜻인가요?

答(답) : 進行者(진행자)는 어린 나이인데도 不拘(불구)하고 모르는 일을 물어서 가는 아주 좋은 習慣(습관)을 갖고 있군요. 不恥下問(불치하문)이라는 孔子(공자)의 말도 있습니다만 참으로 바람직한 일이라 하겠습니다. 愚公移山(우공이산)이라는 外觀上(외관상)의 글字(자)는 어리석은 老人(노인)이 無謀(무모)하게도 泰山(태산)을 옮기겠다는 蠻勇(만용)을 일삼고 있는 것을 말하고 있는 것 같지만 뜻은 全(전)혀 그렇지 않습니다. 무슨 일이든 꾸준히 努力(노력)하면 끝내는 成功(성공)에 이른다는 뜻의 故事成語(고사성어)인 것입니다.

《宇宙(우주) 回歸論(회귀론)》과 《人類(인류)를 救(구)할 無限(무한)에너지》의 책 속에 있는 知識(지식)과 素材(소재)를 基礎(기초)로 하여 宇宙(우주) 哲理館(철리관)의 設立(설립)이 무엇보다도 時急한 課題로 登場하면서 關鍵이 된다 하겠습니다만 이 고장을 새로운 角度에서 發展시키는 데도 愚公移山의 努力이 必要할 것입니다.

孟子의 글에 '求則得之이요 捨則失之'라는 句節이 있습니다. 求하면 얻고 버리면 잃는다는 것입니다.

著者의 立場에서야 孔子의 '人不知而不慍이면 不亦 君子乎'(사람이 業績을 알아주지 않는다 해도 노여워하지 않는다면 이 또한 君子가 아니겠는가)라는 말대로 사람들이 業績을 알아주지 않는다 해도 君子처럼 노여워하지 않는다면 그만인 일일 것입니다. 그러나 이 고장 사람들이《宇宙回歸論》과《人類를 救할 無限에너지》의 책 속에 있는 未來知識과 素材에 깊은 關心을 갖고 合心하여 宇宙哲理館의 設立을 實現시키고 成事시키면 이 地域을 燦然히 빛내고 發展시킬 壯途에 오를 수 있을 것입니다.

그렇지만 外面한 채 關心을 갖지 않고 버리면 모두를 잃을 것입니다. 얻느냐 잃느냐 兩者擇一의 岐路라 하겠지만 選擇은 市民의 智慧일 것입니다.

한편 宇宙 哲理館의 大單位 觀光團地의 造成과 步調를 함께 해서 磁力의 無動力 發電을 研究 開發하기 爲한 開發團地가 同時에 造成된다면 이 고장의 發展이 加速되고 飛躍的인 相乘勢로 이어질 것입니다. 一擧兩得인 望外의 發展을 期待할 수 있을 것입니다.

群山地域을 크게 發展시킬 두 要素

群山의 이 고장은 새롭게 宇宙의 眞實을 밝히고 또 磁石이 發散시키는 磁力의 原理를 鮮明하게 解得한《宇宙 回歸論》의 글과《人類를 救할 無限에너지》의 책을 産出시킨 땅이다. 그 두 卷의 책을 著述한 著者의 鄕里이기 때문이다.

두 卷의 그 책을 群山의 이곳 市民들이 눈여겨보고 잘 活用하는 如何에 따라서는 이 고장을 飛躍的이고도 劃期的으로 發展시킬 수도 있을 것이다. 長足의 發展을 가져올 寶貝가 될 수 있는 것이다. 理由가 무엇일까? 먼저《宇宙

回歸論》의 책은 物質의 根源과 重力의 原理 나아가 太陽에너지인 恒星에너지의 本質을 事物의 理致에 立脚하여 한 치의 誤差도 없이 바르고 克明하게 밝히고 있는 것이다. 새로운 概念이지만 이제 비로소 宇宙의 眞實이 公明正大하게 밝혀지고 있다 할 것이다.

따라서 群山의 이 고장은 有史以來 五千年의 人類 歷史上 그 누구도 公明正大하게 밝힌 바 없는 宇宙의 眞實을 새롭게 밝힌 唯一하고도 稀貴한 땅이 된다 할 것이다. 설마하니 世上에 그런 일도 다 있을 수 있을까 해서 믿어질 일이 아니라 할 수도 있겠지만 어김없는 眞實이어서 群山의 이 고장이 宇宙의 眞實을 바르게 밝힌 學問의 發祥地로 새롭게 浮上할 수도 있을 것이다.

그런가 하면《人類를 救할 無限에너지》의 책에서는 石油를 代身하여 次世代의 人類가 全的으로 依支하고 依存해서 살아갈 수 있을 無公害의 無限에너지 源이 存在하는 原理를 克明하게 밝히고 있는 것이다. 앞으로의 人類가 에너지 걱정없이 살아갈 수 있을 一縷의 希望을 갖게 된 것이다.

石油를 代身해서 次世代의 人類가 依支하고 依存해서 살

아갈 수 있을 에너지源(원)이 있다면 그 에너지 要素(요소)가 도대체 무엇일까? 앞에서도 밝힌 바 있지만 그 에너지源(원)은 磁石(자석)의 磁力(자력)인 것이다.

磁石(자석)의 磁力(자력)은 全(전)혀 새로운 要素(요소)가 아니며 人間(인간)이 너무도 잘 알고 있는 平凡(평범)한 存在(존재)인 것이다. 그러나 銳意(예의) 追跡(추적)하고 窮理(궁리)를 거듭하며 分析(분석) 糾明(규명)해 온 結果(결과) 磁石(자석)의 磁力(자력)이야말로 次世代(차세대)의 人類(인류)를 救援(구원)할 唯一(유일)하고도 永遠(영원)한 에너지源(원)의 要素(요소)인 事實(사실)이 確認(확인)된 것이다. 그러니까 磁石(자석)의 磁力(자력)이 에너지 枯渴(고갈)로 窮地(궁지)에 몰린 人類(인류)를 救援(구원)할 唯一(유일)하고도 새로운 에너지源(원)으로 登場(등장)하여 脚光(각광)을 받게 되었다는 그런 理致(이치)가 될 것이다. 平凡(평범)하기 이를 데 없는 磁力(자력)에너지가 人類(인류)를 救濟(구제)할 唯一(유일)한 存在(존재)로 浮上(부상)하고 있는 것이다.

驚天動地(경천동지)의 놀라운 結果(결과)이지만 그저 平凡(평범)하기 이를 데 없는 磁石(자석)의 磁力(자력)이 에너지 枯渴(고갈)로 絶望(절망)에 허덕이는 人類(인류)를 救援(구원)할 一縷(일루)의 希望(희망)으로 登場(등장)하고 彗星(혜성)처럼 正體(정체)를 드러낸 것이다. 磁石(자석)의 磁力(자력)이 形成(형성)되는 原理(원리)와 電氣(전기)의 結晶體(결정체)인 磁力(자력)의 成分(성분)이 明確(명확)하게 糾明(규명)되어 人類(인류)를 救濟(구제)할 에너지源(원)

으로 確認된 것이다. 太陽과 地球와의 交感에 따른 原理라 할 수 있을 것이다. 磁石의 磁力은 太陽에서 오는 電氣를 地球가 하나의 巨大한 磁石이 되어 磁力으로 變質 結合시킨 電氣의 複合體로 에너지의 덩어리이고 寶庫인 事實이 明瞭하고도 克明하게 解剖되어 밝혀지고 있는 것이다.

《宇宙 回歸論》과《人類를 救할 無限에너지》의 책을 産出시킨 群山의 이 고장은 어찌 보면 大端히 큰 寶貨를 갖게 되었다 할 수 있을 것이다. 著者가 모든 知識을 提供한다 할 때 旣得權을 先占하는 効果를 갖게 될 일이기 때문이다.

이곳 市民들은 稀貴하게 돌아온 千載一遇의 機會를 逸失하는 일이 없도록 해야 할 것이며 주어진 旣得權을 잘 活用하고 이 고장을 찬란하게 發展시킬 智慧를 發揮해야 할 것이다. 毛遂自薦의 경우라 할 수 있겠지만《宇宙 回歸論》과《人類를 救할 無限에너지》의 책이 밝히고 成就시킨 學問의 業績은 사실 이 民族이 擧族的으로 나서서 眞否를 確認하고 事實일 때 矜持로 해야 할 性質일 것이다. 이제까지 그 누구도 바르게 밝힌 일이 없는 宇宙의 眞實을 그 두 卷의 책이

公明正大하게 밝혔다면 그게 어디 普通 일이겠는가?

當然히 擧族的으로 나서서 眞實與否를 確認하고 糾明해 보아야 할 性質일 것이다. 宇宙의 眞實을 밝힌 일이 事實일 때 더 없는 矜持가 될 일이기 때문이다.

그러나 그에 앞서 群山의 이곳 市民들이 先見之明의 智慧를 發揮하고 先覺의 妙를 살려 그들 두 卷의 책이 밝힌 모든 내용이 事實과 틀림이 없는가를 먼저 確認할 必要가 있을 것이다. 어찌 그러느냐 하면 考證의 如何에 따라서는 그 두 卷의 책이 이 고장을 눈부시게 發展시킬 重要한 素材와 無限한 資源을 提供할 수도 있을 일이기 때문이다.

萬一 이곳 群山市民들이 그들 素材와 資源을 效果的으로 發掘하고 有用하게 活用한다면 念願하는 바 群山의 이 고장을 劃期的이고도 望外의 눈부신 發展을 成就시킬 수도 있을 것이다. 衆論이 糾合되고 市民의 意見이 하나로 모아진다면 새로운 學問의 發祥地를 基礎로 해서 長足의 發展이 成就될 것으로 보이는 것이다. 이 고장을 劃期的이고도 長足의 發展策을 促進시킬 수 있다는 素材와 要素는 무엇일까? 다

음의 두 가지로 要約할 수 있을 것이다.

그 하나는 새로운 着想이고 發想이지만 旣得權을 保有하고 있는 이 고장에 새로운 宇宙의 眞實을 밝힌 業績을 紀念할 宇宙 哲理館을 設立한다면 新種 觀光産業을 育成시키고 次元을 달리 할 宇宙 映像産業을 振興시킬 수 있을 것이다. 많은 生産性의 要素가 있는 것이다.

그 두 번째는 磁力의 無動力 發電을 研究開發하기 爲한 團地를 造成시켜 全國의 研究團體와 企業體를 誘致해서 새로운 産業을 育成 振興시키는 일이다.

이제까지 經驗하지 못한 未來指向的인 發想이고 新種 産業의 性格인지라 理解가 어렵고 쉽게 成事될 일은 아니겠지만 世上의 變化를 銳意 注視할 必要가 있을 것이다. 이곳 市民들이 先見之明의 智慧를 發揮하고 意慾을 보인다면 至大한 業績을 成就시키면서 長足의 發展을 約束받을 수 있을 것이다.

먼저 《宇宙 回歸論》의 책에 基礎한 宇宙 哲理館이 群山의 이 고장에 設立되고 存置된다면 大規模의 新種 觀光産業

이 育成되고 그와 더불어 새로운 槪念의 宇宙 映像産業이 多角度로 振興될 수 있을 것이다.

이건 어디까지나 未來産業으로 規定될 性格이지만 萬一 磁力의 無動力 發電의 技術 開發을 目的한 硏究團地를 이 고장에 造成시킨다면 全國의 많은 硏究團體와 企業體들을 誘致하고 先導하여 刮目相對의 未來産業을 振興시킬 수 있을 것이다. 내 고장의 發展은 이 고장에 사는 모든 사람들의 念願하는 바 所望일 것이다.

群山의 이 고장에 宇宙 哲理館을 設立하고 存置하게 되면 이제까지 볼 수 없었던 新種 觀光産業을 育成시켜 새로운 發展을 도모할 수 있고 또 宇宙 映像産業이라는 새로운 産業分野를 開拓하고 振興시키게 될 것이다.

그런가 하면 磁力의 無動力 發電을 硏究開發하기 爲한 團地의 造成은 새로운 産業振興을 촉진시키면서 눈부신 발전을 向해 跳躍하게 될 것이다. 一擧兩得의 効果로 望外의 地域發展이 實現될 수도 있을 것이다.《宇宙 回歸論》과 《人類를 救할 無限에너지》의 책을 誕生시킨 群山의 이 고장은 著者가 모든 知識을 提供한다 할 때 旣得權에 따른 先占의 効果를 갖고 있다 할 것이다.

이 글을 쓰는 著者의 말이 誇張의 虛荒된 虛構가 아니라 妥當하고 當爲性이 있는지의 與否가 먼저 檢討되어야 할 性質이고 妥當性이 認定된다면 未來指向의 發展策이 摸索되어야 옳을 것이다.

著者는 2000年 末頃 別添《無限電氣의 發電原理》에 대한 知的 所有權을 特許 申請한 바 있다. 個人的인 慾心 같은 어떤 底意가 있어서라기보다는 著者의 나이 이미 杜甫의 '人生七十 古來稀'의 老境에 접어들어 더 以上 躊躇할 일이 아니며 滿天下에 周知시키고 確認시킬 必要가 있다고 생각되었기 때문이다. 뿐만 아니라 磁力의 無動力 發電을 促進시켜 次世代에너지를 解決할 研究開發을 督勵하는 契期가 되었으면 하는 趣旨에서이기도 했다.

著者는 學問을 窮究하는 儒學人의 立場에 있다. 世俗的인 營利를 追求하는 데 目的이 있지 않으며 個人的인 成果에 戀戀하는 일이 아닌 것이다.

著者가 日久月深 窮究하고 터득한 未來知識이 이 民族의 矜持를 高揚시킬 學問의 要素일 뿐만 아니라 鄕里인 群山의 이 고장을 크게 發展시킬 素材로 登場하고 있어 이제까지 窮究한 모든 知識을 기꺼이 提供하고자 하는 것이다.

著者가 오랜 歲月에 걸쳐 窮究하고 糾明한 새로운 宇宙의 眞實과 未來知識이 鄕里인 群山의 이 고장을 크게 發展시킬 要素와 素材로 登場하고 있는 것이다. 그 未來知識이 좋은 素材와 要素가 되어 이 고장의 發展에 寄與되고 一助가 된다면 이 또한 좋은 일이 아닐 수 없을 것이다.

刮目할 要素이지만 이 고장이 排出시킨 그 두 卷의 책이 萬物을 形成하고 있는 物質의 根源과 運動을 일으키는 重力의 原理, 나아가 暗黑空間을 밝히는 恒星에너지의 本質을 赤裸裸하게 糾明하고 있으며 克明하게 밝히고 있는 것이다.

그 뿐만이 아니라 次世代의 人類를 救濟할 에너지 要素로 磁石의 磁力이 彗星처럼 登場하고 있는 것이다. 磁石이 發散하는 磁力의 成分이 무엇이고 電氣의 結合으로 造成되는 磁力의 原理가 明確하게 分析되어 糾明되고 있는 것이다.

磁石(자석)의 磁力(자력)은 電氣(전기)의 複合成分(복합성분)으로 無動力(무동력) 發電(발전)의 技術的(기술적)인 開發(개발)이 可能(가능)하고 次世代(차세대)의 人類(인류)가 依存(의존)하여 살아갈 수 있는 에너지 要素(요소)인 것이다. 衆論(중론)이 모아져 이 고장에 宇宙(우주)哲理館(철리관)이 設立(설립)되고 無動力(무동력) 發電(발전)의 硏究團地(연구단지)가 造成(조성)된다면 長足(장족)의 發展(발전)을 期待(기대)할 수 있을 것이다.

그 두 卷(권)의 책이 群山(군산)의 이 地方(지방)을 飛躍的(비약적)으로 發展(발전)시킬 수 있을 그토록 大端(대단)한 책이냐 反問(반문)할 수도 있을 것이다. 각 地方(지방)마다 觀光産業(관광산업)이나 生産(생산) 産業分野(산업분야)의 開發素材(개발소재)나 資源(자원)이 없을까 血眼(혈안)이 되고 腐心(부심)하고 있는 마당에 그 두 卷(권)의 책은 群山(군산)의 이 地域(지역)을 飛躍的(비약적)으로 發展(발전)시킬 珍貴(진귀)한 好材(호재)가 될 수 있을 것이다.

公論化(공론화)하고 說明(설명)을 들어 볼 必要(필요)가 있겠지만 되느냐 안 되느냐의 成敗(성패)는 오직 이곳 市民(시민)의 選擇(선택)에 달려 있을 것이다.

관 인 생 략

서면제출서 전자화 통지서

권 리 구 분 특허
출 원 인 성명 채 연 석
주소 전라북도 군산시 장미동 46-12
대 리 인 성명
주소
접 수 번 호 1100537402106

특허법 제217조의2 제4항, 실용신안법 제77조, 의장법 제81조 또는 상표법 제92조의 규정에 의하여 귀하께서 제출한 서면(출원서, 보정서)을 전자화하고 이를 통지합니다.

첨부 : 전자화 데이터 1부. 끝.

정정신청 안내

1. 전자화한 내용이 서면으로 제출된 내용과 다른 경우에는 이 통지서를 받은 날로부터 30일 이내에 정정신청을 하여야 하며, 이 기간내에 신청하지 아니한 때에는 정정사항이 없는 것으로 간주처리됩니다.
*서면으로 제출된 내용을 수정하거나 새로운 내용·단어를 추가하는 경우에는 정정 신청을 할 수 없고 "보정서"를 제출하셔야 하며, 입력누락오·탈자 및 불명료한 이미지가 있는 경우에 한하여 "전자화 내용정정신청서"를 제출하실 수 있습니다.
2. 전자화 내용정정신청서(특허법시행규칙 별지 제75호 서식)는 특허청 출원과(전화 042-481-5215) 또는 서울사무소(02-568-6079)에 제출하여야 합니다.
-접수방법 : 서면으로 방문접수 또는 우편접수
-우편접수처 : 대전시 서구 둔산동 920 특허청 출원과 우302-701
-"전자화내용정정신청서" 서식은 인터넷 http://kipo.go.kr/민원서식(1-25)에서 다운받을 수 있고, 팩스로 전송받고자 하는 경우는 특허기술정보센터(전화 02-569-3901)로 문의하시기 바랍니다.
3. 기타 문의 사항이 있으시면 우리청 정보관리담당관실(042-481-5118)로 문의하시기 바랍니다.

2000년 12월 15일

특 허 청 장

이순신 전사추고
李舜臣의 戰死 推考

李舜臣(이순신)의 戰死(전사) 推考(추고)

李舜臣(이순신)의 知己(지기)로 登場(등장)한 李栗谷(이율곡)

世上(세상)의 風聞(풍문)은 다음과 같이 傳(전)하고 있다.

李栗谷(이율곡)이 兵曹判書(병조판서)로 在職(재직)하고 있을 때의 일로 그가 朝廷(조정)에 出退勤(출퇴근)하는 길가의 한 旅舍(여사)에서 兵書(병서)를 熱心(열심)히 읽는 朗朗(낭랑)한 목소리를 자주 듣게 되었다.

'책을 읽는 主人公(주인공)이 도대체 누구일까? 저토록 책을 熱心(열심)히 읽는 것으로 미루어 볼 때 普通(보통) 人物(인물)은 아닐 것 같은데……. 必是(필시) 凡人(범인)은 아닐 것이다.'

궁금하기도 하고 疑訝(의아)한 생각이 들어 하루는 栗谷(율곡)이 일부러 人便(인편)을 보내 主人公(주인공)이 自己(자기)를 한 번 찾아오도록 請(청)했다. 그러나 어인 일인지 付託(부탁)을 받은 當事者(당사자)는 斷乎(단호)히 拒絶(거절)

하고 應諾하지 않았다. 必是 男兒 大丈夫로 태어나서 어찌 兵曹判書인 高官의 門 앞을 얼씬거리며 一身의 出世를 圖謀하고 榮達을 꾀하려 할 것인가? 하는 自激之心과 高邁한 人格의 發露에서 그랬을 일이지만 頑强히 拒否하고 應하지 않았다.

더욱 奇異하게 생각하고 異常하게 여긴 栗谷이 "世上에 別 희한한 爲人도 다 있는 모양이다. 君子行을 指向하는 人格者임이 分明할 것이다. 정이나 그렇다면 내가 몸소 찾아가서 한 번 만나 보는 게 옳겠지……." 하고 생각한 끝에 일부러 찾아가 만나 보니 張本人은 內禁衛 軍士 李舜臣이었다. 大器는 서로를 알아보기 마련일 것이다. 첫 눈에 失望스럽지 않은 人物로 刮目相對의 知己로 交感되었던 것으로 보인다. 以後 서로의 交流가 始作되고 彼此의 門下와 門前을 오고 가며 肝膽相照의 胸襟을 털어 놓고 意見을 交換하게 되었다.

李舜臣은 學者인 李栗谷의 가르침을 받고 感化를 받게 된 것이다. 그러고 보면 첫눈에 큰 그릇임을 알아보고 李舜臣과 더불어 交友를 갖은 李栗谷이야말로 稀貴하기 이를 데 없는 큰 그릇을 發掘(발굴)해서 未曾有(미증유)의 國難(국난)을 克服(극복)하고 打開(타개)하여 나라와 民族(민족)을 救出(구출)하게 한 張本人(장본인)이다 할 수 있을 것이다.

後日(후일) 柳成龍(류성룡)이 李栗谷(이율곡)을 찾아왔을 때 栗谷(율곡)이 成龍(성룡)을 보고 "令公(영공)한테 三韓(삼한)을 救濟(구제)할 人物(인물)을 紹介(소개)할까 하는데 한 번 만나봄이 어떻겠는가?" 하고 勸(권)했다.

柳成龍(류성룡) 또한 栗谷(율곡)이 紹介(소개)하는 李舜臣(이순신)을 만나보고 以心傳心(이심전심) 한눈에 큰 人物(인물)이고 큰 그릇임을 알아 본 것으로 보인다. 以後(이후)로부터 敦篤(돈독)한 交友(교우)를 갖게 되었기 때문이다.

몸이 虛弱(허약)했던 李栗谷(이율곡)이 未久(미구)에 죽게 되었는데 그 後(후) 柳成龍(류성룡)이 李舜臣(이순신)을 朝廷(조정)에 積極的(적극적)으로 薦擧(천거)했다고 한다.

앞의 글에서 留意(유의)하고 注目(주목)해야 할 두 가지 대목이 있다.

그 첫 번째는 一國(일국)의 兵曹判書(병조판서)이고 高官(고관)이며 李退溪(이퇴계)와 더불어 一世(일세)를 風靡(풍미)한 大學者(대학자)인 李栗谷(이율곡)이 일부러 사람을 시켜서까지 한 번 찾아오라고 請(청)했고 또 그와 接觸(접촉)하는 일이야말로 軍士(군사)된 者(자) 出世(출세)와 榮達(영달)의 지름길이요 다시 없는 好機(호기)가 되었을 일임에도 不拘(불구)하고 그런 絶好(절호)의 機會(기회)를 마다하고 固辭(고사)한 李舜臣(이순신)의 毅然(의연)하고 剛直(강직)하며 孤高(고고)한 人品(인품)과 氣槪(기개)이다.

"아무리 지체 높은 高官(고관)이요 兵曹判書(병조판서)라 할지라도 볼 일이 있으면 直接(직접) 찾아 올 일이지 어찌 오라 가라 할 일이겠는가?" 하는 생각에서 그랬던지 李舜臣(이순신)은 李栗谷(이율곡)의 要請(요청)을 斷然(단연)코 拒絶(거절)한 것이다.

이로 미루어 보건대 "사나이 大丈夫(대장부)로 태어나서 어찌 구차하게 一身(일신)의 榮達(영달)과 出世(출세)를 求乞(구걸)할 것인가?" 하는 생각이었던 것으로 보이지만 李舜臣(이순신)의 出世(출세)에 戀戀(연연)하지 않고 時流(시류)와 妥協(타협)하지 않으며 榮華(영화)를 迎合(영합)하지 않는 剛直(강직)함과 公明正大(공명정대)한 人格(인격)의 한 斷面(단면)을 엿볼 수 있을 것이다.

그 두 번째는 李栗谷(이율곡)이 찾아 온 柳成龍(류성룡)한테 "李舜臣(이순신)이야 말로 三韓(삼한)을 救濟(구제)할 有爲(유위)의 人物(인물)이다" 하고 指稱(지칭)하면서 紹介(소개)한 대목이다. 이미 오래 前(전)부터 交感(교감)을 갖고 論議(논의)가 있었던 意味深長(의미심장)한 말이 아닐 수 없는 것이다.

李栗谷(이율곡)이 柳成龍(류성룡)한테 말한 三韓(삼한)이란 도대체 무슨 뜻일까?

李栗谷(이율곡)이 柳成龍(류성룡)한테 말하고 여기 登場(등장)한 三韓(삼한)이란 다름 아닌 지금으로부터 約(약) 2000年(년) 前(전)에 誕生(탄생)한 百濟(백제)와 新羅(신라)의 前身(전신)으로 그들 百濟(백제)와 新羅(신라)에 앞서 그 곳에 約(약) 二(이), 三百年(삼백년) 동안 存續(존속)했던 馬韓(마한), 辰韓(진한), 弁韓(변한)의 三韓時代(삼한시대)를 가리키는 말이다. 三韓(삼한)은 나라라고 하기보다는 部族社會(부족사회)의 性格(성격)이었지만 百濟(백제)와, 新羅(신라)에 앞서 그곳 領域(영역)에서 最初(최초)로 民族(민족)을 起源(기원)시킨 母體(모체)인 것이다. 百濟(백제)는 馬韓(마한)에서 誕生(탄생)되었고 新羅(신라)는 辰韓(진한)에서 起源(기원)되었지만, 三韓(삼한)은 百濟(백제)와 新羅(신라)의 前身(전신)으로 그들 두 나라의 母體(모체)가 된다 할 것이다.

그러니까 李栗谷(이율곡)이 柳成龍(류성룡)한테 말한 三韓(삼한)이란 要約(요약)하면 馬韓(마한), 辰韓(진한), 弁韓(변한)이 位置(위치)하고 있던 場所(장소)로 三面(삼면)이 바다로 둘러싸인 朝鮮(조선)의 南(남)쪽 海岸地方(해안지방)이라는 뜻이 될 것이다.

十萬(십만) 養兵(양병)의 必要性(필요성)을 認識(인식)하고 强調(강조)했으며 力說(역설)하고 主張(주장)한 李栗谷(이율곡)은 先見之明(선견지명)인 自己(자기)의 主張(주장)을 貫徹(관철)시키고 實現(실현)하지는 못했으나 일찍부터 北方(북방)인 滿洲(만주)에 자리잡고 있었던 淸(청)나라의 侵攻(침공)을 念慮(염려)하고 있었으며 南(남)쪽인 바다 건너 日本(일본)의 侵略(침략)을 至極(지극)히 憂慮(우려)하고 있었던 것으로 보인다.

李栗谷이 李舜臣을 가리켜 三韓을 救濟할 人物이다 하고 柳成龍한테 말한 点으로 미루어 볼 때 李栗谷은 진작부터 바다 건너에 있는 日本의 侵入을 充分히 豫感하고 있었으며 感知하고 있었다는 理致가 될 것이다.

意中의 人物인 李舜臣을 만나 交感을 갖게 된 李栗谷은 李舜臣과 더불어 日本이 侵略을 敢行해 올 경우를 假想하여 深度있게 論議하고 있었으며 그때를 當하여 그에 對한 防備와 對策을 腐心하며 講究하고 있었다는 論理가 되는 것이다. 先見之明의 智慧가 發揮되고 있었다는 이야기가 될 것이다. 그러고 보면 李舜臣이 日本의 侵略을 물리치고 나라를 救한 功績은 李栗谷과 더불어 成就시킨 業績으로 評價되어야 마땅할 것이다.

李栗谷의 死後 日本의 無道한 侵略은 杞憂에 머물지 않고 現實이 되어 다가왔다. 凶惡하기 이를 데 없는 日本의 豊臣秀吉(도요토미 히데요시)은 끝내 壬辰倭亂을 일으켜 挑發하고 侵攻해 온 것이다.

假道滅虢의 터무니없는 억지와 詭辯을 앞세워 朝鮮侵攻을 敢行하고 壬辰倭亂을 挑發한 日本의 豊臣秀吉이라는 爲人은 도대체 어떤 人物이었을까?

日本의 覇權者로 登場하고 朝鮮侵略을 敢行해 온 豊臣秀吉이란 爲人은 本是 姓名조차 갖고 있지 않았던 足輕(아시가루)라는 賤한 身分出生이었다. 아시가루란 짚신인 미투리를 손에 들거나 품안에 넣고 主人이 탄 가마 뒤를 깡충깡충 뛰며 뒤따라 다니던 奴僕의 微賤한 下級身分을 말하는 것이다. 朝鮮侵略을 挑發하고 敢行해 온 豊臣秀吉이라는 爲人은 本是 日本의 戰國時代 初期에 全國의 諸侯들을 制壓하고 覇權者가 된 織田信長(오다 노부나가)의 짚신짝을 들고 가마 뒤를 뒤따라 다니던 微賤한 身分出生이었다. 그는 오다 노부나가의 짚신짝을 保溫하기 爲하여 가슴팍에 넣고 가마 뒤를 촐랑대며 뒤따라 다니던 爲人이었다.

비록 재주가 出衆하고 銳利한 눈매를 지닌 남다른 一面이 있었다고는 하지만 원숭이를 닮은 워낙 못생긴 容貌의

所有者였다고 傳해 온다.

그런 容貌의 微賤한 身分出生의 그가 오다 노부나가의 死後 諸侯들을 制壓하고 日本天下의 霸權을 한 손에 거머쥐고 君臨하게 되었고 日本天下를 號令하게 된 것이다.

拙夫의 固執은 꺾을 수 없다는 俗談이 있다.

自己의 못생긴 容貌에 對한 欲求不滿과 또 지난 날 아시가루라는 賤한 身分出生에 對한 反撥에서 精神狀態가 正常이 아니었으며 理性을 잃고 있었던 모양이다.

뿐만 아니라 自己의 能力을 必要 以上으로 誇示하기 爲한 誇大妄想의 狂氣가 發動되고 發作을 일으켜 필경 이웃나라인 朝鮮을 侵攻하고 못난 짓거리를 서슴치 않을 것이라는, 앞으로 닥쳐올 禍를 李栗谷이 꿰뚫어 看破하고 있었다는 論理가 될 것이다.

그저 놀랍고 歎服하지 않을 수 없는 李栗谷의 洞察力이고 賢人의 眼目이며 先見之明이 아닐 수 없을 것이다. 日本의 侵攻으로 惹起될 患亂은 避할 수 없는 必至의 일이며 그런 患亂을 當했을 때 三韓을 救濟할 人物이 다른 사람이 아닌 바로 李舜臣이라 指目하면서 柳成龍한테 紹介한 結果가 된다 할 수 있을 것이다.

이로 미루어 본다면 李栗谷은 그때의 患亂을 當하여 먼저 日本의 侵攻을 海上 封鎖로 防護하고 물리쳐 國土를 保全하기 爲해서는 三韓인 南쪽 海岸을 防備해야 되고 그에 對한 對備策을 李舜臣과 더불어 事前에 充分히 論議하여 講究하였으며 樹立하고 있었다는 理致가 될 것이다. 李栗谷은 防備에 對한 많은 知識을 提供하고 李舜臣은 傾聽하며 배워 參考하고 있었다는 結果가 되는 것이다.

李栗谷과 李舜臣이 서로 意氣投合하여 意見을 交換하고 樹立한 防備策이 훗날 李舜臣이 三韓인 南쪽 바다를 지키고 日本의 水軍을 連戰 連破한 動機가 되고 能力으로 나타났다 할 수 있을 것이다. 두 사람은 진작부터 板屋船이라는 難攻不落의 要塞化된 軍船이 必要하다는 認識에 合意하고 있었던 것으로 感知되는 것이다.

李栗谷이 죽고 먼 훗날의 이야기이지만 "李舜臣이야말로 三韓을 救濟할 有爲의 人物이다." 하고 栗谷이 柳成龍한테 말한 豫言이 한 치의 誤差도 없이 그대로 的中하고 있었다. 이로 미루어 본다면 李栗谷과 李舜臣은 일찍부터 三韓을 救濟하고 防備할 對策을 樹立하는 交感이 成立되고 있었으며 充分한 論議가 進行되고 擧論했던 것으로 보인다.

李栗谷의 豫言대로 三韓이 救濟되다

그로부터 머지 않아 李栗谷은 죽고 他界한 것이다. 뒤따라 원숭이相의 醜한 얼굴로 아시가루身分의 賤한 出生인 日本의 도요토미 히데요시는 드디어 誇大妄想의 狂氣가 發動되어 朝鮮侵攻을 敢行해 왔다. 李栗谷의 憂慮와 豫見은 단지 杞憂에 머물고 있지 않은 채 現實로 다가왔으며 그대로 的中하고 있었던 것이다.

李栗谷의 死後 朝廷은 東人과 西人으로 갈려 我田引水格인 私利 私慾에 눈이 먼 채 派爭만을 거듭하고 있었다. 十萬養兵이 必要하다는 賢人의 말을 귀담아 듣지 않고

等閑視(등한시)했으며 外侵(외침)을 소홀히 하고 無防備(무방비) 狀態(상태)에 있었던 朝鮮(조선)은 日本(일본)의 無道(무도)한 侵略(침략)을 當(당)하고도 束手無策(속수무책)이었으며 그들의 一擊(일격)에 一瀉千里(일사천리)로 무너져 갔다. 썩은 나무토막이 쓰러져 넘어가듯 無力(무력)하게 무너져 간 것이다.

그들 侵略者(침략자)의 虐殺(학살)로 山河(산하)의 到處(도처)가 피로 물들어 얼룩졌으며 哭聲(곡성)이 狼藉(낭자)했다. 外侵(외침)은 眼中(안중)에 없고 오직 黨派(당파)싸움에만 寧日(영일)없이 골몰한 채 賢人(현인)의 말을 귀담아 듣지 않은 이 나라는 엄청난 피의 代價(대가)를 치르게 된 것이다.

一次(일차)로 慶尙道(경상도) 沿岸(연안)의 바다를 지키고 있던 慶尙(경상) 右水使(우수사) 元均(원균)이 이끄는 水軍(수군)이 一擊(일격)에 무너지고 秋風落葉(추풍낙엽)처럼 떨어져 敗(패)하면서 日本(일본)의 侵略軍(침략군)은 거침새 없이 防護壁(방호벽)을 뚫고 陸地(육지)에 上陸(상륙)했으며 怒濤(노도)처럼 짓밟고 올라간 것이다.

所謂(소위) 나라를 지킨다는 朝鮮(조선)의 官軍(관군)은 “글字(자)조차 제대로 모르는 未開(미개)한 그들 野蠻人(야만인)쯤이야 한줌거리도 되지 않으며 우리의 相對(상대)일 수 있겠는가? 한 방에 撲殺(박살)낼 것이다.” 하던 豪言壯談(호언장담)에도 不拘(불구)하고 一敗塗地(일패도지)의 苦杯(고배)를 마시고 敗走(패주)를 거듭했다. 一瀉千里(일사천리)로 무너지고 있었던 것이다. 一觸卽發(일촉즉발)의

戰雲(전운)이 감돌고 있었음에도 까마득하게 모르고 있었으며 深刻(심각)하게 받아들이지 않으면서 豪言壯談(호언장담)만을 일삼고 있던 그들 烏合之卒(오합지졸)들은 無力(무력)하기 그지없었다. 俗(속)된 말로 撲殺(박살)나고 屠戮(도륙) 當(당)하면서도 束手無策(속수무책)이었던 것이다.

十萬養兵(십만양병)의 必要性(필요성)을 提唱(제창)하고 力說(역설)한 賢者(현자)의 말에 귀기울이지 않고 오직 私利(사리) 私慾(사욕)의 派爭(파쟁)에만 눈이 멀고 餘念(여념)이 없던 爲政者(위정자)의 傲慢放恣(오만방자)와 無能(무능)으로 國土(국토)의 山河(산하)가 瞬息間(순식간)에 그들 侵略者(침략자)의 말발굽 아래 짓밟히고 蹂躪(유린)되어 風飛雹散(풍비박산)이 된 것이다. 百姓(백성)들의 목숨이 파리 목숨만도 못하여 秋風落葉(추풍낙엽)처럼 떨어져 갔다.

屍山血海(시산혈해)의 悽絶(처절)한 光景(광경)이 山河(산하)의 到處(도처)에서 벌어지고 百姓(백성)은 塗炭(도탄)에 빠진 채 目不忍見(목불인견)의 辛苦(신고)와 慘狀(참상)이 이만 저만이 아니었다. 나라의 命運(명운)이 風前燈火(풍전등화)의 危殆(위태)로움에 直面(직면)하고 있었으며 百尺竿頭(백척간두)의 危機(위기)에 逢着(봉착)하고 있었다.

所謂(소위) 나라를 지킨다는 官軍(관군)은 썩은 나무토막처럼 힘없이 쓰러지고 무너져 갔다. 國土(국토)의 殆半(태반)이 誇大妄想(과대망상)의 狂氣(광기)에 사로잡힌 豊臣秀吉(풍신수길)의 日本(일본) 侵略軍(침략군)한테 一擧(일거)에 占領(점령)되어

蹂躪 當하고 만 것이다. 國土의 거의 모두가 그들 野蠻的인 侵略軍한테 占領되고 짓밟혀 百姓들은 塗炭에 빠진 채 無慘히 죽어가는 悽絶하고 慘憺한 光景이 朝鮮 全域에 걸쳐 蔓延되고 있었다.

그런데 오직 한 군데 例外의 곳이 있었다. 모든 朝鮮軍의 慘敗에도 不拘하고 굳건히 지키고 勝利를 이끌어 그들 侵略軍의 觸手가 미치지 않고 있었던 唯一한 곳이 있었다. 常識的으로는 도저히 理解할 수 없는 驚天動地의 奇蹟이 일어나고 있었던 것이다. 李栗谷은 他界하고 李舜臣이 홀로 남아 이끄는 全羅 左水營의 水軍은 不過 十餘隻의 軍船과 적은 兵力이었음에도 不拘하고 어인 일인지 一步의 讓步도 없이 孤軍奮鬪하며 數十倍도 넘는 그들 侵略軍을 擊破하며 물리치고 連戰 連勝의 快擧를 올리고 있었던 것이다. 그들의 奮戰이 실로 눈물겨운 光景이 아닐 수 없었겠지만 一大 奇蹟이 일어나고 있었던 것이다.

稀貴한 일도 다 있지 世上에 그런 일도 일어날 수 있는 일일까? 常識的으로 도저히 理解할 수 없고 想像조차 할 수 없는 一大 異變이 일어나고 있었으며 奇想天外의 奇蹟이 發生하고 있었던 것이다.

國土가 日本의 侵略軍한테 一擧에 占領되고 無慘히 짓밟히면서 蹂躪 當하는 다른 곳과는 달리 그들을 果敢히 擊破하고 물리쳐 禍를 謀免한 唯一한 場所가 있었으니 바로 李舜臣이 이끄는 全羅 左水營의 水軍이었다.

江山의 防護壁이 瞬息間에 무너진 마당에 怒濤처럼 쳐들어온 그들 侵略軍을 擊破하고 沮止시킨 일은 一大 奇蹟으로 奇異한 現象이 아닐 수 없는 것이다. 常識的으로 도저히 있을 수 없고 想像할 수 없는 異變이 일어나고 있었던 것이다. 數百隻에 達하는 日本의 莫强한 水軍이 不過 十餘隻에 지나지 않으며 적은 兵力이었던 李舜臣이 이끄는 全羅 左水營의 水軍한테 連戰 連敗하고 있었으며 完敗하고 沮止當한 채 한 발자국도 前進이 許諾되지 않고 있었던 것이다. 西進이 中斷되고 沮止 當하면서 그들 日本軍이 敗한 일이야 不幸中 多幸한 일이지만 도대체 이 어찌된 일일까 하는 것이다.

많은 兵力이고 數百隻에 達하는 그토록 莫强한 日本의 水軍이 不過 十餘隻인 李舜臣의 水軍한테 連戰 連敗의 苦杯를 마시고 無慘히 敗하면서 撲殺이 나고 있었던 것이다. 아마도 人類 歷史上 前無後無의 일로 爽快하기 그지없지만 그러나 이 어찌된 일이며 그게 말이나 되는 일이냐 하는 것이다. 語不成說의 일인 것이다. 常識的으로는 도저히 있을 수 없는 異變이 일어나고 있었으며 李舜臣의 勝利는 疑問의 餘地가 없는 分明한 結果이었음에도 不拘하고 도저히 理解할 수 없었던 것이다. 설마하니 그런 일도 일어날 수 있을 일일까 해서 미덥지 못하겠지만 그러나 李舜臣의 勝利는 疑心의 餘地가 없는 歷史가 證明하는 事實이었고 眞實이었다. 누구도 敢히 想像할 수 없고 理解할 수 없는 一大 奇蹟과 異變이 일어나고 있었던 것이다.

强弱이 不同이요 衆寡 不敵이라 했다. 十餘隻에 不過한 적은 軍船과 兵力으로 數百隻에 達하는 莫强한 敵軍하고 싸워 어떻게 이길 수 있을 일이며 이긴다는 게 도대체 말이 되겠느냐 하는 것이다.

語不成說의 일로 도저히 理解될 수 없는 結果이지만 그러나 적은 數의 軍船과 兵力의 劣勢에도 不拘하고 李舜臣이 이끄는 全羅 左水營의 水軍이 莫强한 敵을 맞이하여 싸워 擊破하고 每번 勝利로 이끈 結果는 否認되지 않을 眞實이었다.

그것도 連戰 連勝을 거듭하며 不敗의 紀錄을 樹立하고 있었던 것이다. 심지어 完敗하며 僞計의 三十六計 가운데 走行計가 上策이다 하면서 逃走하는 敵의 日本軍마저도 그저 感歎과 歎服의 連續일 뿐 놀란 나머지 벌어진 입을 다물지 못하고 있었던 것이다.

鬼神이 哭할 일로 이 어찌된 일일까 하여 영문을 모르고 連戰 連敗를 거듭하는 敵의 日本軍마저도 오로지 驚愕과 啞然失色을 禁하지 못하고 있었던 것이다. 疑問일 뿐 常識的인 水準에서는 도저히 理解할 길이 없고 不可思議한 일이었던 것이다. 天下 無道한 侵略者인 그들 日本의 敵軍마저도 魂飛魄散인 채 그저 驚愕이 있을 뿐 理解할 수 없는 不可思議한 일로 싸움마다 完敗하는 現實 앞에서 恐怖와 啞然失色을 禁할 수 없어 넋을 잃고 있었던 것이다.

絶對的으로 優勢하고 强大하기 이를 데 없었던 敵의 水軍을 劣勢이고 少數의 兵力에 不過한 李舜臣의 水軍이 一方的으로 무찌르고 破竹之勢의 勝利를 거듭하고 있었다.

어떻게 이겼을까? 無에서 有가 創出될 일이 아니기 때문에 勝利를 거둔 裏面에는 반드시 그럴만한 나름대로의 理由가 있고 秘方과 秘策이 있었을 것이다.

侵略者 日本의 莫强한 水軍을 맞이하고 싸워 이기고 完敗시킨 그 秘訣이 도대체 무엇일까?

이 글을 쓰는 筆者도 勿論이지만 이제까지 그 아무도 李舜臣의 水軍이 乘勝長驅를 거듭하고 있었던 理由를 모르고 있는 것으로 보인다. 具體的으로 그 秘密이 밝혀지고 있지 않으며 秘訣이 무엇인지 理解되지 않고 있는 것으로 생각되는 것이다.

그러나 事物이란 結果가 있으면 반드시 原因이 있기 마련일 것이다. 原因 없는 結果는 없는 것이다. 李舜臣의 水軍이 全勝한 秘訣이 무엇일까?

比較조차 되지 않을 劣勢의 水軍으로 李舜臣이 莫强하고

强大(강대)하기 이를 데 없는 敵(적)의 水軍(수군)을 每(매)번 擊破(격파)하고 西進(서진)을 沮止(저지)시킨 裏面(이면)에는 반드시 그럴 만한 理由(이유)와 原因(원인)이 있고 숨은 秘訣(비결)이 있었을 것이다. 도대체 그 秘訣(비결)이 무엇이었는가를 알아보는 일도 뜻있는 일이 될 것이다.

板屋船(판옥선)의 名稱(명칭)이 秘密(비밀)을 풀어주다

이미 四百餘年(사백여년)의 歲月(세월)이 흘러간 이 時点(시점)에서의 考察(고찰)이 正鵠(정곡)을 的中(적중)시킬 解答(해답)이 될지 그 與否(여부)는 疑問(의문)이고 未知(미지)의 일이 아닐 수 없을 것이다. 그러나 李舜臣(이순신)의 水軍(수군)이 全勝(전승)하게 된 理由(이유)와 原因(원인)이 徐徐(서서)히 解明(해명)되고 있는 것으로 보인다. 原因(원인)이 밝혀지고 疑問(의문)이 解消(해소)될 것으로 보이기 때문이다. 李舜臣(이순신)이 이끈 全羅(전라) 左水營(좌수영)의 水軍(수군)이 싸움마다 이기고 凱歌(개가)를 올릴 수 있었던 裏面(이면)의 秘訣(비결)이 白日下(백일하)에 드러나고 赤裸裸(적나라)하게 밝혀질 것으로 期待(기대)되는 것이다.

李栗谷(이율곡)이 柳成龍(류성룡)한테 "李舜臣(이순신)이야말로 三韓(삼한)을 救濟(구제)할

唯一한 人物이다" 하고 紹介한 말과 李舜臣의 水軍이 戰船으로 使用한 板屋船이라는 배의 이름에서 이제까지 疑問에 싸이고 迷宮에 가려진 채 아무도 모르고 理解할 수 없었던 秘密이 풀리고 解答을 提供하는 열쇠가 될 것으로 생각되는 것이다.

李栗谷이 柳成龍한테 "三韓을 救濟할 人物이다" 한 말과 板屋船이라는 배의 이름에서 類推해 보면 李舜臣이 每번 勝利를 이끈 理由와 原因이 밝혀지고 疑問이 풀리게 되는 것이다. 刻苦의 努力을 기울이며 訓練에 精進한 水軍의 勞苦도 無視될 수 없지만 앞의 두 要素가 그동안 疑問에 싸인 수수께끼를 풀어줄 열쇠가 되는 것이다.

다시 한 번 敷衍하면 李栗谷이 柳成龍한테 "三韓을 救濟할 人物이다" 한 말과 板屋船이라는 軍船의 이름에서 李舜臣의 水軍이 每번 日本의 侵略軍을 이기고 무찌를 수 있었던 理由와 秘訣의 解答을 求할 수 있을 것이라 하는 것이다. 李舜臣의 水軍이 使用한 軍船의 이름인 板屋船은 어떤 배를 말하고 있으며 무슨 뜻일까? 板屋船이라는 글字에서 類推해 보면 李舜臣이 軍船으로 利用한 板屋船은 널판자로

지붕을 덮씌운 배라는 뜻이 되는 것이다.

그러니까 板屋船은 要塞化된 難攻不落의 軍船이라는 뜻으로 歸結될 것이다. 그 當時로서는 想像할 수 없을 進取的이고 革新的인 着想의 軍船으로 他의 追從을 不許할 特異한 構造의 배였던 것으로 보이는 것이다. 全혀 構造를 달리한 性格의 배를 想像해야 옳을 것이다.

李栗谷이 柳成龍한테 "李舜臣이야말로 三韓을 救濟할 人物이다"하고 紹介한 点으로 미루어 볼 때 李栗谷과 李舜臣은 진작부터 깊은 信賴와 交感을 갖고 있었으며 日本의 侵略을 豫感하고 있었던 것으로 보인다. 그런 假定과 前提下에서 侵略을 當했을 때를 對備한 防備策을 深度 있게 論議하고 多角度로 研究를 進行하고 있었던 일이 아니었을까 생각되는 것이다.

互角의 一對 一인 對等한 軍船으로는 쳐들어오는 敵을 막고 물리치기란 容易한 일이 아닐 것이다. 敵보다 越等히 優秀한 性能과 技能을 保有한 難攻不落의 要塞化된 軍船과 그 軍船을 效果的으로 管理하고 運營할 精銳化된 水軍을 確保하지 않고서는 쳐들어오는 敵을 막고 이길 수 없을 것이다. 하물며 敵이 數的으로 優勢한 경우는 더 더욱 難堪하고 束手無策일 수밖에 없는 일이었을 것이다.

비록 十萬養兵의 主張은 貫徹되지 않고 收用되지 않았지만 日本의 侵略을 防禦할 目的과 必要에서 李栗谷과 李舜臣에 依해 苦心 끝에 考案되고 만들어진 배가 바로 難攻不落으로 要塞化된 板屋船이라 생각되는 것이다.

그와 같은 交感에서 李栗谷의 死後 홀로 남은 李舜臣은 日本이 侵略을 敢行해 오고 國難을 當할 때를 對備해서 남모르게 緻密한 防備策을 講究하며 硏究하고 있지 않았을까 생각되는 것이다. 그러고 보면 나라를 救한 李舜臣의 勝利는 李栗谷으로부터 孕胎되고 成就된 結果라 할 수 있을 것이다. 바른 照明이 加해질 必要가 있을 것으로 보인다. 한편 朝廷에 積極 薦擧한 柳成龍은 李舜臣의 知己로 깊은 理解者이고 同調者였을 것이다.

李舜臣은 깊은 思索에 잠긴 채 앞으로의 對策에 골몰하고 期必코 이길 方道를 摸索하고 있었을 것이다. 짚신짝이나 들고 다니던 '아시가루' 出身의 狂氣어린 豊臣秀吉이 戰爭의 挑發을 敢行해 올 때 侵略의 野慾에 불탄 日本과의 一戰은 於此彼 不可避하게 될 것이다.

日本의 侵攻이 旣定 事實化되고 現實로 다가왔을 때 敵을 맞이하여 싸운다면 어떤 方法과 妙策으로 어떻게 싸워 이길 것인가. 敗戰은 바로 나라의 滅亡을 뜻하기 때문에 그는 무척 苦心했을 것이다.

무엇보다도 分明하고 明瞭한 일은 우리 側의 被害를 最少限으로 줄이기 爲해서 먼저 바다에서 敵을 맞이하여 싸우고 이겨야 할 것이다. 敵이 陸地로 上陸하기 以前 바다에서 沮止하고 막아야 하는 게 原則일 것이다.

自明한 理致로 原理가 그러할진대 바다에서 敵을 맞이하고 싸움에 臨할 때 敵을 擊滅하고 勝利를 爭取하기 爲해서는 반드시 敵을 이길 수 있는 나름대로의 特別하고 固有의 秘策이 있어야 할 것이다. 秘藏의 武器가 있어야 하고 平凡하고 對等한 배와 戰術로는 쳐들어오는 敵을 이길 수 없을 것이다.

그런 理致에서 敵을 이길 特別한 秘策을 講究해야 했으며 暗暗裡에 秘藏의 武器를 開發하지 않을 수 없었을 것이다. 精神的인 支柱이고 絶對的인 理解者였던 李栗谷도 가고 없는 마당에 홀로 남아 孤軍奮鬪하지 않을 수 없는 李舜臣은 깊은 思索에 잠긴 채 앞날의 打開策에 골몰하지 않을 수 없었을 것이다.

무엇보다도 먼저 侵攻해 오는 敵을 막고 擊滅하기 爲해서는 敵船이 我軍의 軍船을 쉽게 攻擊할 수 없도록 해야 하고 그와는 反對로 我軍은 敵船을 容易하고도 自由 自在로 攻擊해서 一擊에 破壞하고 殲滅시키는 方策을 講究해야 했을 것이다. 當然한 論理로 理致야 어디까지나 그렇지만 그러나 그게 어디 말처럼 그리 쉬운 일이었을까? 그토록 容易하게 實現이 可能한 일이 아니었을 것이다.

그러나 나라의 危機를 克復하고 存亡이 左右될 切迫하고도 重要한 問題가 아닐 수 없으니 期必코 敵을 막을 秘策을 講究하고 秘方을 찾아야 했을 것이다.

지난 날 李栗谷과 肝膽相照의 熟議를 거듭한 일이기는 하지만 그래도 홀로 남은 李舜臣은 苦心하고 오랜 窮理를 거듭하게 되었을 것이다. 오랜 窮理와 苦心 끝에 着眼하고 導出해 낸 妙案이 배를 온통 뒤덮고 要塞化하여 難攻不落의 軍船으로 武裝시키는 일이었을 것이다. 拔群의 實力을 發揮할 수 있는 軍船이 絶對的으로 必要했던 것이다.

敵의 攻擊을 어렵고 무디게 만드는 한편 我軍의 攻擊은 容易하며 能率을 올리면서 쉽게 防護하고 敵을 一擊에 殲滅시키는 일이야말로 그 當時의 水準에서는 天下無敵으로 劃期的이며 最善의 方策이 아닐 수 없었을 것이다.

그런 目的과 必要에서 만들어지고 誕生한 배가 바로 板屋船일 것이다. 板屋船은 天下無比의 軍船으로 刮目相對의 技能과 性能을 갖춘 배라 할만 했을 것이다.

要塞化된 배는 아무래도 무겁고 鈍해서 速力이 느리고 運身의 幅이 좁은 短點은 있어도 그러나 攻擊받고 쉽게 부서지는 虛弱한 배에 比할 바가 아니었을 것이다.

李舜臣에 依해 日久月深 오랜 歲月에 걸쳐 硏究 構想되고 考案되어 暗暗裡에 만들어진 軍船이 바로 板屋船인 것이다. 板屋船은 그런 構造의 技能과 目的에서 製作되고

登場했을 것이다.

敵의 攻擊을 어렵게 만들고 我軍의 攻擊을 容易하게 하여 싸움을 有利하게 이끄는 게 板屋船의 重要한 技能과 主된 目的이었던 것이다. 板屋船의 主된 技能은 外部에 露出되지 않아 잘 알려지고 있지 않지만 그러나 이미 잘 아는 바와 같이 拔群의 實力을 發揮하고 있었던 것이다.

李舜臣의 象徵인 거북船도 規模만 클 뿐 하나의 板屋船인 性格이다. 아무래도 現代人들은 板屋船과 거북船에 對한 考證을 잘못하고 있으며 曲解하고 있는 것으로 보인다.

거북船이라 하니까 一方的으로 거북의 등짝만을 聯想하고 있는 것으로 보이는데 熾烈한 싸움을 하는 軍船이 무슨 威容과 模樣에만 置重하고 執着했을 일이었겠는가?

四方의 둘레만 거북의 모양을 하고 닮았을 뿐 板屋船과 거북船은 다 함께 要塞化된 배로 內部에서 뿐만 아니라 배의 屋上에서도 火攻이 容易하며 敵을 效果的이고도 能率的으로 攻擊하여 戰果를 올릴 수 있었던 構造였던 것으로 보인다.

거북船의 龍머리도 단지 威容을 誇示하기 爲한 象徵의

裝飾物이었다기 보다는 火攻으로도 利用되고 있었을 것이다. 板屋船과 거북船의 屋上에서는 全方位로 敵을 攻擊하고 殲滅할 수 있었던 技能과 性能을 具備한 構造였던 것으로 推理되는 것이다.

李舜臣의 水軍이 侵略해 온 敵의 水軍을 擊破하고 連戰連勝을 거듭할 수 있었던 秘訣은 거북船과 板屋船이 다 함께 難攻不落의 要塞化된 軍船으로 特殊한 構造의 性能인데 있었던 것으로 보인다. 李栗谷의 知慧가 李舜臣으로 承繼되어 結實을 이룬 結果라 할 것이다.

四百年 前인 옛날의 火砲라고 해 보았자 性能이 그다지 신통치 못했으며 멀리 發射되지도 않았을 것이다. 命中率도 낮고 遠距離인 곳에서는 크게 威力을 發揮할 수도 없었을 것이다. 비록 日本이 西洋의 화란 商人들하고 일찍부터 交易이 있어 鳥銃을 들여오고 銃砲로 武裝하고 있었다고는 하나 遠距離에서는 別無 所用이었을 것이다. 크게 威力을 發揮할 수 없었을 일인 것이다.

侵略軍과의 水戰은 於此彼 彼我間에 近接戰이 展開될 수 밖에 없었을 形便인데 널판자로 뒤덮고 要塞化시킨 板屋船과 거북船은 難攻不落의 軍船으로 屋內와 屋上에서 敢行되는 兩面 攻擊은 可히 他의 追從을 不許할 만큼 놀랄 만한 威力을 發揮하고 赫赫한 戰果를 올리는 데 充分했을 것이다. 要塞化된 板屋船과 거북船의 突然한 出現은 그들 日本의 侵略軍한테 驚愕을 禁할 수 없는 可히 威脅的이고도 可恐한 存在였을 것이다. 難攻不落의 城廓과도 같아 侵攻해 온 그들로서도 어찌할 道理가 없어 啞然失色할 뿐 束手無策이었을 것이다.

앞에서도 擧論한 바 있지만 要塞化된 板屋船과 거북船이 바로 李舜臣의 水軍이 每번 勝利를 이끌었던 決定的인 要因이었고 秘訣이었을 것으로 確認되는 것이다.

아무래도 要塞化된 板屋船과 거북船의 屋上인 높은 곳은 絶對的으로 有利한 位置가 되고 위에서 아래를 굽어보며 展開하고 敢行하는 火攻과 火砲의 攻擊은 可히 놀랄 만한 威力을 發揮하게 되었을 것이다. 百發百中까지는 아니더라도 命中率(명중률) 또한 正確(정확)하고 滿足(만족)할 만했을 것이다.

火攻(화공)도 容易(용이)했을 일이며 攻擊(공격)은 쉽고 防禦(방어)하기 有利(유리)하니 板屋船(판옥선)과 거북船(선)은 筆舌(필설)로 이루 다 表現(표현)할 수 없는 驚異(경이)로운 威力(위력)을 發揮(발휘)하는 存在(존재)였을 것이다.

起承轉結(기승전결)이라 했다. 次元(차원) 높은 李栗谷(이율곡)의 知慧(지혜)가 보태지고 李舜臣(이순신)에 依(의)해 考案(고안)되어 만들어진 板屋船(판옥선)과 거북船(선)은 그토록 놀라운 性能(성능)과 優秀(우수)한 技能(기능)을 保有(보유)한 배로 攻擊(공격)의 效果(효과)를 거두는 데 안성맞춤이었고 敵(적)을 殲滅(섬멸)하는 데 十分(십분) 活用(활용)되고 있었던 것이다. 可(가)히 他(타)의 追從(추종)을 不許(불허)할 威力的(위력적)인 性能(성능)의 軍船(군선)이었을 것이다.

軍事的(군사적)인 技能(기능)이고 秘密(비밀)에 屬(속)했던 일이라 外部(외부)에 露出(노출)되지 않아 一般(일반)이 모르고 있었던 일이었겠지만 要塞化(요새화)된 板屋船(판옥선)과 거북船(선)이야말로 絶對的(절대적)으로 劣勢(열세)에 놓여 있었던 李舜臣(이순신)의 水軍(수군)이 數的(수적)으로 優勢(우세)하고 強大(강대)한 日本(일본)의 侵略軍(침략군)을 맞이하여 一方的(일방적)으로 무찌르고 擊滅(격멸)시킨 決定的(결정적)인 要因(요인)이고 秘訣(비결)이었을 것이다. 달리 異論(이론)의 餘地(여지)가 없는 것이다.

그런 理由(이유)에서 日本(일본)의 水軍(수군)은 莫強(막강)한 兵力(병력)의 優勢(우세)에도

不拘하고 싸움마다 敗北를 거듭하며 한 발짝도 앞으로 前進할 수 없었던 것이다. 李舜臣이 이끄는 全羅 左水營의 水軍이 必死的으로 展開하는 奮戰과 沮止로 日本의 水軍은 一步의 前進도 許諾되지 않고 西進을 할 수 없었던 것이다.

日本의 無道한 侵略軍은 海上의 싸움마다 敗北의 苦杯를 마시고 退却하기에 이르렀으며 逃走하고 만 것이다. 李舜臣이 이끄는 水軍의 必死的인 奮戰과 沮止로 國土의 一部를 保全할 수 있었던 것이다.

主題에서 벗어난 이야기이고 이미 四百年의 歲月이 흘러간 옛 일이라고는 해도 日本은 無道한 侵略을 敢行하고 이 民族을 無慘히 짓밟으며 殺傷을 서슴치 않은 蠻行에 對한 應分의 代價를 支佛해야 할 것이다. 南北分斷이 解消되는 날 다시는 그런 野慾이 發動되지 못하도록 賠償을 請求해야 할 것이다.

이웃間의 和平을 求하지 않고 虎視耽耽 機會를 노리며 侵略의 野慾과 觸手를 뻗고자 劃策하는 일은 正道가 아니며 容恕받을 수 없는 惡德行爲인 것이다. 여러 가지 方法으로 拔本塞源의 措置를 取할 必要가 있다 할 것이다.

지금이야 남의 나라를 侵略하고 占領할 時代도 아니고 그럴 狀況도 아니다. 그럼에도 不拘하고 日本은 過去의 그런 꿈과 野慾을 버리지 못하고 膨脹主義를 指向하고 있다.

'三歲之習 至于八十'이라 했는데 옹졸한 바탕에서인지 지금도 그런 버릇을 버리지 못하고 있다. 倒錯된 發想이요 誇大妄想의 錯覺에서 깨어나야 옳을 것이다.

原論으로 돌아갈 것이다. 李舜臣이 軍士를 智慧롭게 이끌고 地理的 利點을 充分히 活用하고 利用한 高度의 戰術戰略家이었음은 否認되지 않을 事實로 無視할 수 없을 것이다. 그러나 무엇보다도 看過될 수 없는 重要한 要素는 오랜 刻苦의 硏究와 努力 끝에 難攻不落으로 要塞化된 板屋船과 거북船을 考案해서 만들어낸 李舜臣의 卓越한 智慧의 眼目과 先見之明의 識見일 것이다. 歎服을 禁할 수 없는 結實을 맺고 있어 놀라운 일이 아닐 수 없다.

李栗谷이 柳成龍한테 말한 豫言이 그대로 的中하고 있는 것이다. 李栗谷에게서 感化를 받고 交感하고 있던 李舜臣

은 마침내 三韓을 救濟했으며 百尺竿頭의 危機와 風前燈火의 危殆로움에 處하고 있던 民族과 나라까지도 救한 것이다.

板屋船과 거북船은 純全히 日本의 侵略과 侵攻을 對備하기 爲한 方策에 腐心하고 있던 李栗谷과 事前 交感을 갖게 된 李舜臣에 依해 獨自的인 研究와 窮理 끝에 考案되고 秘密裡에 開發되어 만들어진 것으로 보인다. 모르긴 해도 그 當時로서는 거북船과 板屋船은 他의 追從을 不許할 天下無敵의 軍船이었을 것이다.

無道한 侵略을 敢行해 온 日本의 모든 軍船을 一網打盡하고 破竹之勢로 擊破하며 물리친 그 當時로서는 天下無比의 威力을 誇示하고 發揮한 板屋船과 거북船도 李舜臣의 戰死後 主人을 잃게 되자 炎凉世態의 時流 따라 그만 쓸모없게 되고 歷史에서 사라진 것이다.

李舜臣이 戰死하고 戰爭도 勝利로 끝나자 板屋船과 거북船의 運命도 韓信이 말한 '高鳥盡 良弓藏의 身勢와 處地'가 되어 그만 사람들의 記憶과 耳目에서 사라지고 만 것이다.

李舜臣(이순신)이 戰死(전사)한 結果(결과)의 疑問(의문)

七年間(칠년간)에 걸쳐 저질러진 日本(일본)의 殘虐無道(잔학무도)한 侵略(침략)과 蠻行(만행)의 긴 戰亂(전란)도 마침내 終止符(종지부)를 찍게 되었다. 豊臣秀吉(풍신수길)의 內部的(내부적) 葛藤(갈등)과 變故(변고)도 無視(무시)될 수 없는 要因(요인)이었겠지만 進退兩難(진퇴양난)의 困境(곤경)에 處(처)한 日本(일본)의 侵略軍(침략군)은 이 民族(민족)의 必死的(필사적)인 抵抗(저항)과 抗戰(항전)을 견디지 못하고 그만 敗走(패주)를 거듭하며 退却(퇴각)하고 있었던 것이다.

李舜臣(이순신)이 이끄는 水軍(수군)의 力戰(역전)에 힘입은 이 民族(민족)의 擧族的(거족적)인 抵抗(저항)과 抗戰(항전)에 부딪쳐 力盡(역진) 窮策(궁책)의 困境(곤경)에 直面(직면)한 日本(일본)의 侵略軍(침략군)은 어찌할 수 없이 敗走(패주)의 退却(퇴각)을 계속하고 있었던 것이다.

敗走(패주)하는 日本軍(일본군)한테 最後(최후)의 一擊(일격)을 加(가)하고 乾坤一擲(건곤일척)의 鐵槌(철퇴)를 내리는 싸움에서 分明(분명)한 勝利(승리)를 確認(확인)한 瞬間(순간) 李舜臣(이순신)은 敵(적)의 銃彈(총탄)을 맞고 그만 戰死(전사)한 것이다.

오호라! 天胡(천호) 忍斯(인사)이여……. 그토록 有能(유능)하고 偉大(위대)한 人物(인물)이 非命(비명)에 橫死(횡사)하고 가다니 悲痛(비통)하고 哀惜(애석)한 이 消息(소식)

을 하늘인들 어찌 참을 수 있을 일이겠는가? 民族은 希望을 잃은 것이다.

넘치지도 않고 기울지도 않은 中庸의 人物로 完全無缺한 人格의 所有者이었고 더 없이 偉大하기만 했던 李舜臣은 戰死했다. 그러나 李舜臣의 戰死는 쉽게 理解할 수 없는 奇異한 일로 여러 가지 疑問点이 가시지 않고 있는 것이다.

敗走하는 敵한테 最後의 鐵槌를 加하고 完全한 勝利를 確認한 時点에서 어찌하여 그토록 有能하고 智慧로우며 빈틈이 없었던 李舜臣이 無力하고 虛無하게 敵의 銃彈을 맞고 쉽게 戰死할 수 있을 일이었을까 하는 것이다. 納得이 되지 않고 理解가 쉽지 않은 것이다.

그가 敵을 殲滅하는 마지막 戰鬪의 渦中에서 偶然히 敵의 銃彈을 맞고 戰死한 게 정말일까 하는 것이다.

여러 가지 어려운 迂餘曲折의 事情이야 數없이 많았지만 七年間의 기나긴 戰爭에서 每번 勝利를 이끌고 百尺竿頭의 危機에서 나라와 民族을 救出하고 起死回生시킨 그토록 有能하고 智慧로웠던 그가 力盡 窮策의 敗走를 거듭하는

日本軍을 追擊하는 싸움에서 虛無하고 無力하게 戰死할 일이었을까?

語不成說의 일로 그럴 수 없으며 그의 죽음이 偶然한 戰死가 아닐 수도 있을 것이다. 常識的으로는 도저히 理解할 수 없고 首肯되지 않는 疑問点이 있는 것이다.

李舜臣이 戰死한 結果는 否認되지 않는 事實이다. 그러나 냉큼 首肯되지 않고 理解할 수 없는 困惑스러운 側面이 있는 것이다. 必是 世上에 알려지고 있지 않은 別途의 事情과 曲折이 있을 수도 있을 것이다.

李舜臣의 죽음이 偶然한 戰死가 아니라면 故意에서 죽었다는 뜻이 된다. 日本의 敗北를 最後로 確認한 마당에 그가 不得이 戰死의 길을 擇할 수밖에 달리 道理가 없을 切迫한 事情과 別途의 曲折이나 動機가 있었을까? 있을 수도 있었을 것이다. 그런 要素가 否認되지 않는 것이다. 그런 要素가 도대체 무엇이었을까?

將帥가 싸움터에 臨해서 싸우다 戰死하는 일이야 恒用 있을 수 있는 일일 것이다. 將帥의 戰死는 戰爭터에서 있을 수 있는 일로 何等 異常한 일이 아니며 李舜臣의 戰死도

容或(용혹) 無怪(무괴)한 結果(결과)일 수 있을 것이다.

그러나 七年間(칠년간)의 戰爭(전쟁)에서 한 번도 敗(패)한 일이 없는 그토록 有能(유능)하고 愼重(신중)하며 赫赫(혁혁)한 戰功(전공)을 세운 李舜臣(이순신)의 智慧(지혜)인데 偶然(우연)한 戰死(전사)일 수 있을 일이겠는가 하는 것이다. 그렇지 않으며 悲壯(비장)한 覺悟(각오) 아래 故意(고의)에서 戰死(전사)의 길을 擇(택)했을 것이라는 다른 有力(유력)한 見解(견해)와 視覺(시각)도 있는 것이다.

그렇다면 李舜臣(이순신)이 마지막 勝利(승리)를 確認(확인)하고 悲壯(비장)한 覺悟(각오) 아래 죽음을 擇(택)하지 않을 수 없는 理由(이유)와 動機(동기)가 果然(과연) 무엇이었을까?

將帥(장수)가 戰場(전장)에서 戰死(전사)하는 일이야 흔히 있을 수 있는 일일 것이다. 그러나 李舜臣(이순신)이 苦難(고난)의 긴 戰爭(전쟁)에서 最後(최후)의 勝利(승리)를 確認(확인)하고 “이제 나의 所任(소임)은 完遂(완수)되고 任務(임무)는 끝났다. 나의 役割(역할)이 完遂(완수)되고 끝난 마당에 더 以上(이상) 살아남을 意義(의의)가 없으며 살아남아서도 안 된다” 하여 悲壯(비장)한 覺悟(각오) 아래 敵(적)의 銃彈(총탄)을 無防備(무방비) 狀態(상태)에서 맞고 壯烈(장렬)한 最後(최후)를 마쳤을 것이라는 다른 見解(견해)와 視角(시각)도 있는 것이다.

戰爭(전쟁)을 勝利(승리)로 이끌고 주어진 所任(소임)을 다한 마당에 더

以上(이상) 살아남을 必要(필요)가 없으며 살아남는 일은 오히려 汚辱(오욕)으로 이어질 뿐이라 確信(확신)한 時点(시점)에서 스스로 죽음을 選擇(선택)했을 것이라는 見解(견해)와 視角(시각)도 있는 것이다. 그가 悲壯(비장)한 覺悟(각오) 아래 機會(기회)를 놓치지 않고 죽음을 選擇(선택)했을 것이라는 또 다른 有力(유력)한 觀点(관점)도 提起(제기)되고 있는 것이다.

오직 後世(후세) 사람들의 推測(추측)에 지나지 않을 뿐 그가 죽고 나서 이미 四百年(사백년)이라는 긴 歲月(세월)이 흘러간 오늘의 時点(시점)에서는 李舜臣(이순신)이 정말로 戰死(전사)한 것이냐 아니면 當事者(당사자)인 그가 죽지 않을 수 없는 不得已(부득이)하고 不可避(불가피)한 事情(사정)이 있어 故意(고의)의 죽음을 自進(자진)해서 擇(택)했느냐의 與否(여부)와 眞僞(진위)를 가리기는 어려운 일일 것이다.

다만, 七年間(칠년간)에 걸친 오랜 싸움에서 모두 勝利(승리)로 이끌어 日本(일본)의 侵略(침략)을 물리치고 李栗谷(이율곡)이 柳成龍(류성룡)한테 豫言(예언)한 그대로 三韓(삼한)을 救濟(구제)한 그토록 有能(유능)하고 愼重(신중)했으며 智慧(지혜)롭고 卓越(탁월)한 識見(식견)의 所有者(소유자)인 李舜臣(이순신)이 一方的(일방적)으로 敗(패)하고 逃亡(도망)치기에 汲汲(급급)했던 日本軍(일본군)의 敗殘兵(패잔병)한테 無力(무력)하고 虛無(허무)하게 죽을 수 있는 일이었겠는가 하는 것이다.

그가 敗走(패주)하며 逃亡(도망)치는 敵(적)의 銃彈(총탄)에 맞아 그토록 虛無(허무)하고 無力하게 죽는다는 結果는 語不成說의 터무니없는 일일 것이다. 常識的으로는 도저히 있을 수 없는 일로 理解할 수 없는 疑問点을 남기고 있는 것이다.

아무래도 李舜臣의 戰死는 釋然치 않은 斷面이 있고 도저히 理解되지 않으며 納得하기 어려운 側面이 있는 것이다. 너무도 貴한 몸이고 허술하게 죽을 立場이나 處地도 아니어서 그가 戰死한 結果에 對하여 偶然한 戰死일 수 없다는 다른 視角과 見解도 强力하게 提起되고 있으며 擡頭되고 있는 것이다.

그렇다면 日本의 敗北를 決定지을 最後의 勝利를 確認한 李舜臣이 “이제 나의 맡은 바 所任과 義務는 끝났다. 나의 役割과 任務는 完遂되고 끝났으며 더 以上 살아남을 意義도 없고 必要도 없다” 하여 悲壯한 覺悟 아래 일부러 죽음을 擇할 恪別한 動機와 別途의 原因이나 理由가 있었을까?

於間의 여러 가지 情況에서 미루어 볼 때 그와 같은 蓋然性이 濃厚하며 排除되지 않고 拂拭되지 않는 것이다. 그 情況이 무엇인가를 勘案해 보아야 할 일이며 그가 안고 있었던 苦悶(고민)이 무엇이고 그를 괴롭혀 온 外的(외적) 要因(요인)과 動機(동기)가 果然(과연) 어떤 것이었는지 銳意(예의) 分析(분석)하고 多角度(다각도)로 檢討(검토) 追求(추구)해 볼 必要(필요)가 있을 것이다.

狡兎死(교토사) 走狗烹(주구팽)의 故事(고사)

비록 1800年(년)이라는 긴 時空(시공)을 뛰어 넘은 時代(시대)의 差異(차이)는 있지만 李舜臣(이순신)은 中原(중원)에서 戰國時代(전국시대)의 末期(말기)에 生存(생존)했던 韓信(한신)과 서로 닮은 類似點(유사점)이 많은 사람이다. 두 사람은 다 같이 將帥(장수)의 地位(지위)에 있었던 武將(무장)으로 彼此間(피차간) 共通點(공통점)이 많은 人物(인물)이었다.

다만 差異點(차이점)이 있었다면 韓信(한신)은 目不識丁(목불식정)까지는 아닐지 모르지만 글을 배우지 못한 無識者(무식자)였던 데 比(비)해 李舜臣(이순신)은 學問(학문)의 배움이 많고 知識(지식)이 깊은 有識(유식)한 사람이었다. 다 같이 武將(무장)의 地位(지위)에 있었던 身分(신분)이었지만 배우고 안 배우고의 知識(지식)은 그 差異(차이)가 甚(심)했던 것이다.

그렇다면 李舜臣과 比較하고 比喩한 韓信은 도대체 누구이고 어떤 人物이었을까?

韓信은 지금으로부터 約 2200年 前의 人物로 中原 胎生이고 齊나라 사람이었다. 韓信은 中原의 戰國時代 末期에 生存했던 사람으로 李舜臣에 앞서기 約 1800年 前의 人物이었던 것이다.

韓信은 젊었을 때 恥辱的인 侮辱을 忍耐로 견디고 羞恥를 참으며 市井雜輩인 破落戶의 가랑이 밑을 기어간 逸話로 有名한 사람이다. 그 後 韓信은 劉邦이 이끄는 漢나라의 將帥가 되어 ‘背水陣’ ‘多多益善’ ‘狡兎死 走狗烹’ 等의 故事成語를 남긴 歷史的으로 有名한 人物인 것이다.

그 뿐만이 아니라 韓信은 秦始皇의 秦나라가 亡하고 놓친 사슴을 쫓아 天下의 英雄豪傑들이 저마다 逐鹿에 餘念이 없었는데 그때 漢나라의 高祖 劉邦을 도와 中原天下를 統一시킨 著名한 將帥이었다.

때는 바야흐로 萬里長城을 築造시킨 秦始皇의 秦나라가 亡하면서 놓친 사슴을 쫓아 天下의 英雄豪傑들이 앞 다투며

逐鹿에 餘念이 없었는데 어느 날 蒯通이라는 說客이 韓信을 찾아와서 다음과 같이 勸誘한 일이 있었다.

"秦始皇의 秦나라가 놓친 사슴을 쫓아 天下의 英雄豪傑들이 저마다 逐鹿에 餘念이 없고 싸움이 그칠 날이 없습니다. 天下는 어지러우며 到處에서 萬民이 죽어가는 慘狀이 벌어지고 있는 한편 民草는 塗炭에 빠진 채 苦痛으로 呻吟하고 있으며 辛苦가 이만 저만이 아닙니다. 이런 때 韓信 당신이 나서서 中原天下를 楚나라의 項羽와 漢나라의 劉邦 그리고 齊나라의 韓信으로 三分하고 鼎立시켜 安定시키시오. 그러면 天下의 混亂이 鎭靜되고 民生이 살아날 수 있을 것이오."

하고 積極的으로 勸誘한 것이다.

그러니까 中原天下를 長江(지금의 揚子江)의 東南쪽을 楚나라의 項羽가 차지하고 西쪽은 漢나라의 劉邦이 또 長江의 東北쪽을 齊나라 出身의 韓信이 占有하여 天下를 三分시켜 鼎立하고 安定시키면 中原天下의 混亂은 鎭靜되고 便安해지며 萬百姓이 救濟될 것이다 하고 勸誘한 것이다.

그러나 蒯通의 勸誘를 받은 韓信은 "自己는 오로지 將帥의 그릇으로 將帥(장수)의 資質(자질)과 能力(능력)은 갖고 있지만 帝王(제왕)의 地位(지위)는 생각해 본 바도 없고 또 帝王(제왕)의 그릇도 아니다." 하는 생각에서 그랬던지 그의 勸誘(권유)를 默殺(묵살)한 채 귀담아 듣지 않았다.

이로 미루어 본다면 結局(결국) 韓信(한신)은 帝王(제왕)의 자리에 뜻이 없으며 將帥(장수)로서의 自己(자기) 그릇과 職分(직분)에 滿足(만족)하고 忠實(충실)할 뿐 다른 野心(야심)은 갖고 있지 않았다는 理致(이치)가 되며 그런 結論(결론)에 到達(도달)하게 된 것이다. 그런 思考方式(사고방식)에 根據(근거)하고 있었던지 그 後(후) 韓信(한신)은 漢(한)나라의 劉邦(유방)을 도와 中原天下(중원천하)를 漢(한)나라로 統一(통일)시키는 데 至大(지대)한 功(공)을 세우고 寄與(기여)한 것이다.

오직 힘만 셀 뿐 愚直(우직)하기 이를 데 없었던 楚(초)나라의 項羽(항우)는 結局(결국) '四面楚歌(사면초가)'의 故事成語(고사성어)를 남긴 채 漢(한)나라의 劉邦(유방)한테 一敗塗地(일패도지)의 苦杯(고배)를 마시고 끝내 敗亡(패망)한 것이다.

甘呑苦吐(감탄고토)이고 炎凉世態(염량세태)가 世上事(세상사)의 人情(인정)인 모양이다. 乾坤一擲(건곤일척)의 雌雄(자웅)을 겨루고 楚(초)나라의 項羽(항우)와 싸워 이긴 劉邦(유방)은 中原天地(중원천지)를 漢(한)나라로 統一(통일)시키는 데 成功(성공)한 것이다.

楚(초)나라의 項羽(항우)를 이기고 中原天地(중원천지)를 漢(한)나라로 統一(통일)시킨

劉邦은 더 以上 싸움이 없고 거칠 것이 없게 되자 지난 날 自己를 도와 싸움을 主導하고 勝利를 이끌어 낸 有能한 將帥인 韓信이 이제는 오히려 負擔이 되고 거추장스러울 뿐 눈 위의 가시가 되고 말았다.

이제 自己한테 對敵하고 나올 相對는 아무도 없으나 他의 追從을 不許할 大端한 能力을 지니고 있는 韓信을 생각하면 웬일인지 坐不安席이 되고 마음이 便치 않았다. 不安이 加重되고 있었던 것이다. 언제인가 韓信과 함께 한 자리에서 劉邦이 "나는 도대체 얼마나 많은 軍士를 거느리고 指揮할 수 있을까?" 하고 물었을 때 帝王인 자신은 겨우 十萬의 軍士를 거느리고 指揮할 能力밖에 없는데 比해 自己는 百萬의 軍士이고 '많으면 많을수록 더욱 좋다'(多多益善) 하고 떠벌리며 豪言壯談하던 韓信을 떠올리면 그만 등골이 오싹하고 肝膽이 서늘했던 것이다.

아차 失言이다 하는 생각에서 "당신은 帝王의 그릇이고 나는 오로지 將帥의 그릇이기 때문이다." 하는 韓信의 積極的인 解明과 辨明에도 不拘하고 劉邦은 毛骨이 悚然한 채 坐不安席이 되어 눈앞이 캄캄하고 아찔했던 모양이다.

疑心은 暗鬼를 낳는다 했다. 劉邦은 지난 날 至大한 功을 세우고 寄與한 韓信이 이제는 오직 恐怖의 對象일 뿐 精神的으로 壓迫만 加해 오는 人物로 戰爭이 끝나고 一人天下가 된 지금은 쓸모가 없게 된 것이다.

漢高祖 劉邦은 오직 威脅이 될 뿐 不必要한 存在에 不過한 이 爲人을 어떻게 祭祀床에 바치고 除去하여 근심 걱정을 덜 것인가 궁리하는 데 골몰하고 腐心하게 된 것이다. 冬扇夏爐이고 甘呑苦吐의 경우가 된 것이다.

邪惡한 者의 奸智는 더욱 奸巧하기 마련인가 보다.

天下를 統一하고 權力을 손아귀에 틀어쥔 漢高祖 劉邦은 요모조모로 궁리한 끝에 一但 韓信을 淮陰候라는 閑職으로 格下시키고 멀리 邊方으로 내쫓아 버렸다. 韓信을 一但 먼 邊方으로 내몰기는 했으나 그래도 마음이 놓이지 않았다. 韓信의 卓越한 能力을 생각하면 不安이 더욱 加重되고 高潮될 뿐인 모양이었다.

漢高祖 劉邦은 그런 措置만으로는 未洽하고 마음이 놓이지 않았다. 安心이 되지 않아 더욱 奸巧하고 邪惡한 陰謀를 꾀하고 나온 것이다. 諸侯를 召集한다는 口實을 憑藉하여 韓

信(신)을 멀리 밖으로 誘引(유인)하고 잡아다가 끝내 죽이고 만 것이다. 憂患(우환)의 根源(근원)을 拔本塞源(발본색원)한다는 속셈이었을 것이다.

說客(세객) 蒯通(괴통)의 提案(제안)을 默殺(묵살)하고 받아들이지 않은 例(예)에서도 알 수 있듯이 韓信(한신)은 將帥(장수)의 職分(직분)에 오직 忠實(충실)하여 滿足(만족)하고 있을 뿐 帝王(제왕)에 對(대)한 어떠한 野心(야심)도 갖고 있지 않았다. 오직 將帥(장수)로서의 本分(본분)에만 忠實(충실)했던 人物(인물)인 것이다.

그런 韓信(한신)이 狡兎死(교토사) 走狗烹(주구팽)의 犧牲物(희생물)이 되고 잡혀 끝내 죽임을 當(당)한 것이다. 실컷 부려먹고 끝내는 祭祀床(제사상)의 祭物(제물)로 犧牲(희생)되는 소의 身勢(신세)가 되기 싫다 하여 一生(일생)동안 벼슬을 하지 않은 莊子(장자)의 말이 생각나는 대목일 것이다.

韓信(한신)이 奸惡(간악)한 邪術(사술)로 잡혀 억울한 죽음을 當(당)하기 앞서 그는 하늘을 우러러 다음과 같이 恨歎(한탄)하고 긴 嘆息(탄식)을 남겼다고 한다. 그때 남긴 말이 '狡兎死(교토사) 走狗烹(주구팽)'인 것이다. 狡兎死(교토사) 走狗烹(주구팽)이란 狡猾(교활)한 토끼가 죽으니 그 토끼를 쫓아 달리던 개는 그만 쓸모가 없게 되어 잡혀 삶아지고 죽임을 當(당)한다는 뜻이 될 것이다. 지금까지도 有名(유명)한 故事成語(고사성어)로 남아 傳(전)해지며

人口에 膾炙되고 있는 것이다. 한 번 記錄해 볼 것이다.

果若人言 : 사람들이 일러오던 말이 果然 맞다.

狡兎死 : 狡猾한 토끼가 죽으니 그 토끼를 좇아 달리던 개는,

走狗烹 : 그만 쓸모없게 되어 잡혀 삶아지고 죽음을 當하게 된다.

高鳥盡 : 하늘을 높이 날던 새가 없어지니,

良弓藏 : 좋은 활도 쓸모없게 되고 버려지게 된다.

敵國亡 : 敵國이 亡하고 나면 머리를 쥐어짜며 싸우던,

謀臣死 : 謀臣들은 더 以上 必要없게 되고 잡혀 죽음을 當한다.

天下已定 : 世上의 人心이 이러한데 내가 잡혀 죽임을 當하고,

我固當烹 : 淘汰되는 일이 오히려 當然한 結果가 아니겠느냐…….

學問이 깊으며 兵書에 能通하고 通達한 李舜臣이 韓信하고 얽힌 逸話인 狡兎死 走狗烹의 故事를 모를 理 없었을 것이다. 李舜臣은 이 나라의 武將으로 無道한 侵略을 敢行하고 無辜한 人命을 無差別 殺傷하는 蠻行과 擄掠질을 일삼는 敵을 맞아 싸우고 이겨 물리치고자 하는 一念뿐이었다. 오직 나라와 民族을 救出하고자 하는 使命에서 渾身의 努力을 傾注하고 있었을 뿐 他意가 없었으며 어떤 不純한 野心도 갖고

있지 않았던 것이다.

兵曹判書인 李栗谷이 오라고 請했을 때도 행여나 權力에 阿附하고 便乘하여 一身의 出世와 榮達을 도모하는 일이 되지 않을까 하여 義롭지 않다 생각하고 물리친 李舜臣이다. 오직 나라와 民族을 救하고 지키고자 하는 一念뿐 어떤 不純한 野心이나 動機도 없었다.

사람이 正義롭고 智慧로우며 有能하다는 理由만으로 私利私慾의 貪慾에 눈이 먼 邪惡하고 奸巧한 少人輩들이 嫉視하는 바 되어 猜忌의 標的이 되고 危害를 當하고 있었던 것이다. 事事件件 干涉하고 그를 死地에 몰아가며 除去하고자 하는 陰害의 謀陷과 迫害를 끊임없이 받고 있었던 것이다.

無道한 日本의 侵略을 받고 나라가 百尺竿頭의 危機에 直面하고 있었으며 風前燈火의 危殆로운 때를 當하여 敵을 물리치는 戰爭의 渦中에서 一致團結하여 合心하고 一絲不亂하게 對處해도 모자랄 일이었을 것이다.

그런 時急하고 切迫한 때를 當하여 가장 有能하고 智慧로운 先鋒將을 놓고 그런 亡國的인 陰害를 加할 수 있을 일이었겠는가 싶지만 그런 理致하고는 달리 끌어내리지 못해서 發狂이고 앙탈이었던 것이다.

大義에 바탕하고 있지 않으며 正邪를 分揀할 줄 모르는 未洽하고 옹졸한 이 民族의 한 斷面을 엿볼 수 있을 것이다.

그런 風土인데 日本의 無道하고 野蠻的인 侵略을 물리치고 勝利로 이끌어 終止符를 찍고 戰爭에 終焉을 告하게 된 마당에 死力을 다한 勝利를 確認한 李舜臣은 다음과 같은 決心을 하게 됐을 수도 있었을 것이다.

將帥인 나의 所任과 任務는 戰爭을 勝利로 이끌고 敵을 물리친 여기까지가 義務의 全部이고 限界일 것이다. 敵國이 敗走한 마당에 더 以上 내가 할 일도 없으며 必要하지도 않을 것이다. 將帥로서의 나의 모든 道理와 義務를 다한 이 時点에서 내가 살아남는다면 나를 기다리는 前途가 무엇이겠는가? 李舜臣은 그런 想念에 사로잡히게 되었을 것이다.

모르긴 해도 辱된 앞날이 기다리고 있을 것이다. 私利私慾에 눈이 멀고 오직 目前의 利益만을 貪하고 追求하는 奸惡하고

貪慾的(탐욕적)인 少人輩(소인배)들의 謀陷(모함)과 迫害(박해)로 荊棘(형극)의 慘憺(참담)한 前途(전도)만이 기다리고 있을 것이다. 그는 狡兎死(교토사) 走狗烹(주구팽)의 恥辱的(치욕적)인 末路(말로)만이 기다리고 있을 것이라 確信(확신)하고 있었을 것이다.

於此彼(어차피) 戰爭(전쟁)터에서 죽는 일이야 武將(무장)인 將帥(장수)의 定(정)해진 길로 이미 覺悟(각오)한 일이며 진작에 죽은 몸인 것이다.

오직 나라와 民族(민족)을 지키고 救(구)하고자 한 一念(일념)에서 이제까지 渾身(혼신)의 努力(노력)을 기울여 왔으며 그 많은 艱難辛苦(간난신고)의 歲月(세월)과 苦難(고난)의 나날을 보내고 勝利(승리)를 이끈 이 한 몸이 잡혀 狡兎死(교토사) 走狗烹(주구팽)의 죽음을 當(당)하는 일이야 그다지 두려운 일이 아닐 것이다. 그러나 그런 結果(결과)가 이 李舜臣(이순신) 한 몸에 局限(국한)하지 않고 나를 아끼고 保護(보호)해 준 모든 義(의)롭고 善良(선량)한 사람들한테까지 累(누)가 미치고 禍(화)를 입게 된다면 그것만은 도저히 참을 수 있는 일이 아니다 하고 戰慄(전율)을 느끼고 嘆息(탄식)했을 것이다.

나라와 民族(민족)의 運命(운명)이나 未來(미래)는 眼中(안중)에도 없고 오직 目前(목전)의 利益(이익)이나 榮華(영화)만을 貪(탐)하는 亡國的(망국적)인 少人輩(소인배)들의 陰凶(음흉)하고 邪惡(사악)하며 奸巧(간교)한 謀陷(모함)과 陰害(음해)를 어떻게 堪耐(감내)하고 謀免(모면)할 수 있을 일이겠는가?

草野에 묻혀 밭을 갈고 餘生을 조용히 보냈으면 하는 心情이기도 하지만 그도 如意롭지 못해 그런 所望은 緣木求魚의 至難한 일일 뿐 닥쳐올 迫害는 避할 길이 없을 것이다.

殺身成仁이라 했는데 차라리 이 한 몸이 죽어 事前에 모든 陰害의 要因을 遮斷하고 迫害의 禍根을 除去한다면 韓信과 같은 狡兎死 走狗烹의 恥辱的인 죽음을 當하고 汚名을 後世에 남길 일도 아니거니와 李舜臣을 아끼고 保護해 준 모든 善良하고 正義로운 사람들을 救出하게 될 것이다.

韓信의 前轍을 밟고 狡兎死 走狗烹을 當하는 그런 愚昧한 일이 되풀이 되어서도 되지 않을 일이거니와 無辜한 많은 사람들을 保護하고 無事하게 할 수만 있다면 내가 戰場에서 壯烈하게 죽는 게 百번 옳고 마땅한 일일 것이다. 名譽롭게 죽어야지…….

이게 바로 李舜臣이 戰死의 길을 擇하지 않을 수 없는 切迫한 事情이고 理由일 수도 있는 것이다.

李舜臣은 그와 같은 悲壯한 覺悟 아래 最後의 勝利를 確認한 마지막 戰場에서 敵의 銃彈을 맞고 壯烈하게 散火하지 않았을까 생각해 보는 것이다.

그가 力盡 窮策의 日本軍이 敗走를 거듭하는 마지막 追擊戰에서 敵의 銃彈을 맞고 戰死한 結果는 分明하고 否認할 수 없는 事實이다. 이제까지의 假定은 筆者의 一方的인 推測이고 想像일 뿐 어떤 動機와 原因에서 그가 죽었는지는 알 길이 없는 일이다.

다만 戰略 戰術에 能通하고 智慧롭고 冷徹하며 卓越한 識見의 所有者인 李舜臣이 허둥대고 逃亡치며 敗走를 거듭하는 敵의 銃彈을 맞고 虛無하게 죽은 結果는 常識的으로 생각할 수 없는 일로 疑問이 아닐 수 없을 것이다.

有能하고 稀貴한 智慧의 所有者인 그가 그토록 無力하게 죽는다는 結果는 도저히 納得되지 않으며 首肯할 수 없고 肯定되지 않는 側面이 拂拭되지 않는 것이다.

여러 가지 情況에서 미루어 볼 때 李舜臣의 戰死는 偶然한 事故의 戰死라기보다는 故意의 戰死를 擇했을 可能性이 濃厚하며 無視되지 않고 排除되지 않는 것이다. 客觀的으로 考察해 볼 때 그런 蓋然性이 濃厚하고 否定할 수 없으며 無視되지 않는 것이다.

누가 이 絶倫(절륜)의 人格者(인격자)를 죽음으로 몰고 갔는가? 嗚呼(오호)라! 天胡(천호) 忍斯(인사)이여…. 하늘인들 어찌 그의 죽음을 참을 수 있을 일이겠는가? 民族(민족)은 希望(희망)을 잃은 것이다.

민족 무지 우매 자초 문자정책

民族의 無知와 愚昧를 自招한 文字政策

民族의 無知와 愚昧를 自招한 文字政策

井底之蛙의 無知를 招來시킨 한글專用

「한글專用의 文字政策이 이 民族을 白痴의 無知와 愚昧를 招來하고 加速시킨 可恐한 結果로 이어지고 있다.」

한글專用의 文字政策이 民族을 송두리채 菽麥不辨의 無知로 誘導하고 愚昧의 深淵으로 墜落시키고 있다. 漢字를 排斥하고 한글 一邊倒의 文字政策을 固執하고 固守한 結果가 미련한 짓이 되어 이 民族이 總體的으로 不學無識의 無知蒙昧로 치달은 可恐한 結果의 禍를 自招하고 있는 것이다. 한글專用의 文字政策이 災殃의 根源이 되어 이 民族을 한글水準인 좁은 識見의 所有者로 轉落시키는 過誤

를 犯하고 있다. 그런 結果가 어김없는 事實인가 確認되어야 할 것이다.

이 民族이 쓰는 漢字와 한글은 다 함께 이 民族의 根本文字이고 固有文字이다. 그런 性格을 無視하고 漢字를 排斥한 한글專用의 文字政策이 漢字文盲의 無知와 愚昧로 이어져 民族이 一衣帶水로 無識해지고 白痴가 되는 受難時代를 맞고 있는 것이다.

漢字文盲은 그냥 無知와 白痴로 通한다. 漢字文盲者가 量産되어 事理를 分揀할 줄 모르고 바른대로 判斷하지 못하는 한글水準의 無知가 판치고 모두를 亡치는 暗澹한 現實을 맞이하고 있는 것이다.

이런 現實에 頂門의 一針을 加하여 한글 一邊倒의 文字政策이 犯한 過誤와 誤謬가 是正되기를 渴望하는 衷情에서 이 글을 쓰는 것이다. 民族의 覺醒을 促求하고 是非의 論難이 提起되어 正邪가 明白해지기를 바라는 것이다.

民族이 한결같이 한글水準인 좁은 識見의 所有者로 轉落되고 있는 風土인지라 한글專用의 文字政策이 犯한 過誤에

對한 是正 等의 要求나 擧論은 모두가 꺼리는 바가 되고 있다. 그러나 未洽함이나 恥部의 露出을 禁忌視하고 쉬쉬 덮어둘 일이 아니라 果敢히 表面으로 浮上시켜 是正의 方途를 찾아야 옳을 것이다.

그런 趣旨에서 이 民族의 未來와 나아갈 向路가 바르게 決定되고 文字의 正道를 起死回生시킬 重要한 課題가 아닐 수 없다 싶어 한글專用의 文字政策이 이 民族의 無知를 招來시킨 過誤를 犯한 잘못을 指摘하고 是正을 促求하는 苦言을 辭讓하지 않고자 하는 것이다.

《人間을 살릴 宇宙에너지》題下의 글에서 驅使된 漢字와 한글의 併行文은 사실 이 民族이 가꾸고 指向하지 않으면 안 될 傳統文字이고 正道의 文字構圖라 할 것이다. 漢字와 한글의 竝行文은 이 時代가 要求하는 文字 行路의 潮流인 것이다.

漢字와 한글이 輔車相依와 相扶相助로 이루어지고 構成된 두 文字의 竝行文은 이 民族이 追求하고 指向하지 않으면 안 될 正道의 文字體系인 것이다.

事必歸正이라 했다. 다시 한 번 强調하지 않을 수 없는 일이지만 漢字와 한글의 倂用은 이 民族의 文字가 發展되어 온 過程의 産物인 것이다. 時代的 要請이고 이 民族이 追求하고 指向하지 않으면 안 될 正道의 文字構圖인 것이다. 뉘라서 敢히 滔滔한 흐름의 時代的 要請이고 是正하지 않을 수 없는 이 順理를 拒逆할 수 있을 일이겠는가?

이 時點에서 누가 어떤 異議를 提起하고 邪道의 詭辯으로 戱弄하고 籠絡하며 眩惑시킨다 해도 漢字와 한글의 輔車相依로 두 文字가 混合 使用되어야 할 課題는 拒否할 수 없는 時代的 要請이고 命題인 것이다. 必然의 結果이고 歸結인 바 이 民族이 追求하고 指向하지 않으면 안 될 文字體系인 것이다.

漢字와 한글의 輔車相依와 相扶相助로 이루어지는 竝行文은 이 民族의 文字가 發達되어 온 時代的 産物로 거스를 수 없는 合理的이고도 順理의 文字體系인 것이다. 三千年에 肉迫하는 長久한 歷史와 傳統을 構築하고 維持해 왔으며 이 民族이 綿綿히 이어 發達시켜 온 結果의 産物인 것이다. 正道의 文字體系인 事實을 銘心해야 할 것이다.

다시 한 번 强調하지 않을 수 없는 일이지만 漢字와 한글의 倂行文은 拒否할 수 없는 時代的 要請이고 2900年이라는 長久한 歷史를 支撑해 온 이 民族이 追求하고 指向하지 않으면 안 될 絶對的인 文字體系이고 構圖라 하는 것이다. 敢히 누가 이 順理의 正道를 拒逆할 수 있을 일이겠는가?

《大東方國의 挫折》이라는 책은 이 民族의 起源을 다음과 같이 밝히고 있다. 그 책에 依하면 이 民族은 本是 中原의 箕子가 멀리 東方으로 移動해 오면서 形成되고 起源되었다는 것이다.

그러니까 이 民族은 아득히 먼 2900年 前의 箕子와 箕子가 建國한 箕子朝鮮에서부터 發生하고 誕生하여 起源되었다는 理致가 될 것이다.

애당초 箕子와 箕子朝鮮의 構成員은 漢字 言語圈의 人脈으로 漢字만을 使用하여 歷代로 綿綿히 이어져 왔다. 그러나 멀리 떨어진 地理的 隔離關係에서 이 民族의 言語와 文字인 漢字는 中原의 漢字와 言語하고 점차 分離되어 異質的인 要素로 變해 왔으며 獨自的인 發達道程을 더듬어 오늘에 이르고 있는 것이다.

그런 理由에서 獨自的인 發達過程을 더듬어 오게 된 이 民族의 言語와 文字인 漢字가 큰 變化를 갖게 된 것이다. 더 以上 漢字만으로는 存立할 수 없게 되었고 自立이 不可能하게 된 것이다. 言語와 文字인 漢字가 共히 障碍에 逢着하고 變化가 不可避하게 되자 自活의 合理的인 言語와 文字가 驅使될 必要에서 五百餘年 前부터 附隨文字인 한글을 竝行發達시키고 있다.

順理를 따르고 있는 일이지만 그런 事實은 訓民正音의 序頭에서도 明白하게 밝히고 있는 일이다.

구태여 訓民正音을 擧論하지 않아도 이 民族의 言語와 文字構造는 漢字와 한글의 相扶相助와 輔車相依를 絶對的으로 必要로 하고 있으며 條件으로 하고 있다.

漢字와 한글의 두 文字가 混合되고 使用되는 倂行文은

拒逆할 수 없는 時代的 要請이고 潮流로써 이 民族이 追求하고 指向하지 않으면 안 될 正道의 文字體系인 것이다. 謙虛하게 받아들이고 順理를 따라야 할 것이다.

理解를 돕기 爲하여 다시 한 번 敷衍하면 漢字와 한글의 相扶相助와 輔車相依로 이루어지는 倂行文은 이 民族이 追求하고 保存하며 指向하지 않으면 안 될 絶對的인 要素의 文字構造이고 體系이다 하는 것이다.

他의 追從을 不許할 合理的인 文字構造와 體系를 兼備한 性格으로 世界의 어떤 文字하고 견주어도 全혀 遜色이 없으며 오히려 더욱 훌륭하고 優秀한 構造의 文字體系인 것이다.

어찌 그러느냐 하면 表現이 쉽고 理解가 正確하며 視覺的인 判讀이 容易하기 때문이다.

世界에서 가장 優秀하다는 漢字專用의 中國文字나 또 널리 쓰이는 英語보다도 오히려 進一步의 優秀한 文字體系와 構造를 갖추고 있는 글이라 할 것이다. 他의 追從을 不許할 참으로 훌륭한 文字體系인 것이다.

설마하니 그럴 수 있을까 하여 半信半疑하며 疑問을 갖게 될지 모르지만 刮目相對의 優秀한 文字構圖로 더할 나위 없는 좋은 文字體系인 것이다. 疑問의 餘地가 없을 것이다.

그러나 好事에 多魔인지 그토록 훌륭하고 類例가 없을 程度로 優秀한 文字를 保有하고 있는 이 民族한테 靑天霹靂과도 같은 異變이 생기고 不幸이 닥친 것이다.

解放이 되어 日本의 쇠사슬에서 벗어나고 主權을 回復하면서 어떤 陰謀가 作用되고 무슨 動機에서인지 民族傳來의 固有文字인 漢字가 갑자기 學校의 制度敎育에서 排他되고 抹殺되는 悲運을 맞고 瀕死狀態에 놓이게 되었기 때문이다.

民族의 根本文字인 漢字를 排斥하고 抹殺시키며 뜻을 明確히 識別할 수 없는 소리글인 한글만 가르치는 한글專用의 文字政策이 强要되어 一方的으로 施行되고 있었던 것이다.

그런 餘波에서 以後 이 民族은 漢字文盲의 無識者로 轉落되었으며 菽麥不辨의 無知와 愚昧者로 墜落되는 실로 可恐한 事態가 惹起되고 있었다. 瞬息間에 이 民族을 白痴

로 誘導(유도)하고 있었던 것이다.

世界(세계)에서도 類例(유례)가 없을 程度(정도)로 훌륭하고 優秀(우수)한 文字(문자)를 保有(보유)하고 있는 民族(민족)이 그 文字(문자)를 버리고 배우지 않으면서 五方之(오방지) 한 또래로 無識(무식)해지고 벽창호의 바보 천치로 變(변)한다면 그게 있을 수 있는 일이며 될 말인가 하는 것이다.

民族(민족)의 根本文字(근본문자)인 漢字(한자)를 가르치지 않고 배우지 않는 이 民族(민족)은 瞬息間(순식간)에 漢字文盲(한자문맹)의 無識者(무식자)가 되고 白痴(백치)가 되어 무슨 뜻인지도 모를 말을 뒤죽박죽 함부로 입에 올리면서 衆口難防(중구난방)으로 씨부렁거리는 실로 웃지 못할 世態(세태)가 벌어지고 있었던 것이다. 寒心(한심)한 世上(세상)이 되고 만 것이다.

이 民族(민족)의 漢字(한자)는 民族(민족)의 根本文字(근본문자)

精神(정신)나간 이 民族(민족)은 天人共怒(천인공노)할 蠻行(만행)을 저지르고 있다. 2900年(년)의 悠久(유구)한 歷史(역사)와 傳統(전통)을 간직하고 있으며 民族(민족)의 起源(기원)과 더불어 있어 온 漢字(한자)를 自己(자기) 民族(민족)의 文字(문자)가 아니라고 버리고 있는 것이다. 漢字(한자)를 學校(학교)의 制度敎育(제도교육)에서 追放(추방)

하고 가르치지 않으며 배우지 않으면서 抹殺(말살)시켜 스스로의 無知(무지)와 愚昧(우매)를 自招(자초)하고 있다.

民族(민족)의 根本文字(근본문자)이고 固有文字(고유문자)로 더 없이 貴重(귀중)하고 所重(소중)하며 寶貝(보배)롭기 그지없는 漢字(한자)를 排斥(배척)하며 버리고 배우지 않으면서 스스로의 無知(무지)를 自招(자초)하고 멍청해지다니 이게 제 精神(정신)인 民族(민족)이겠는가? 漢字(한자)없는 이 民族(민족)의 文字(문자)는 存在(존재)할 수 없는 性格(성격)으로 愚昧(우매)의 極致(극치)가 아닐 수 없는 것이다.

漢字(한자)는 中國文字(중국문자)라는 뜻이 아닌 것이다. 銀河水(은하수)의 하늘처럼 큰 文字(문자)라는 뜻이다.

漢字(한자)는 唯一(유일)하게 訓(훈)인 뜻을 갖고 있다. 智慧(지혜)를 갖고 있는 寶貝(보배)롭고 貴重(귀중)하기 이를 데 없는 文字(문자)인 것이다. 漢字(한자)를 民族(민족)의 固有文字(고유문자)로 갖고 있는 結果(결과)는 大端(대단)한 幸運(행운)이고 큰 福(복)일 것이다.

이 民族(민족)의 漢字(한자)는 民族(민족)의 起源(기원)과 軌(궤)를 함께 해서 存在(존재)해 왔고 發達(발달)되어 온 文字(문자)로 실로 2900年(년)이라는 長久(장구)한 歷史(역사)와 傳統(전통)을 간직하고 있다. 그런 漢字(한자)가 어찌 이 民族(민족)의

根本文字가 아닐 수 있을 일이겠는가?

그에 比해 한글이 있어 온 年輪은 不過 五百餘年의 日淺한 歷史에 지나지 않는 것이다. 뿐만 아니라 한글은 漢字를 補完할 目的과 必要에서 附隨的으로 發生한 文字인 것이다. 한글이 重要한 文字가 아니라는 뜻이 아니다. 분수와 役割이 定해져 있으며 홀로 自立할 수 있는 完璧한 文字가 아니기 때문에 文字의 모두이다 過信해서는 안 된다 하는 것이다.

한글이 文字의 모든 技能을 完璧하게 遂行하고 行使할 수 있는 性格으로 錯覺해서는 될 일이 아니며 한글 專用의 文字政策을 强要하고 固執해서 不學無識을 自招하여 民族의 未來를 暗澹하게 하고 亡칠 性質이 아니라 하는 뜻인 것이다.

한글만이 이 民族의 文字이다 主張하고 固執하는 일은 愚昧의 極致로 未洽한 者의 誇大妄想인 것이다. 牽强附會의 억지이며 主客이 顚倒된 亡國的 發想으로 無知의 所致에 다름 아닌 것이다.

한글 一邊倒의 文字政策이 이 民族의 無知를 助長하고

있으며 漢字文盲(한자문맹)의 無識(무식)으로 도배질하고 있다. 겨우 한글 몇 十字(십자)만을 가르치고 배운 淺薄(천박)한 知識水準(지식수준)으로 民族(민족)을 墮落(타락)시키고 있는데 그게 穩當(온당)한 處事(처사)이며 바른 判斷(판단)이냐 하는 것이다.

"잘만 쓰고 있는데 한글이 어찌 獨自的(독자적)으로 自立(자립)할 수 없는 文字(문자)인가? 한글 一邊倒(일변도)로 使用(사용)되어서는 안 될 理由(이유)가 무엇이며 어째서 한글만으로는 自立(자립)할 수 없다는 말인가?" 하고 反問(반문)할 것이다. 不學(불학)이면 不知道(부지도)라는 孔子(공자)의 말대로 民族(민족)의 根本文字(근본문자)인 漢字(한자)를 배우지 못했으니 自己(자기)의 옹졸하고 未洽(미흡)한 知識水準(지식수준)을 自覺(자각)할 수 있을 일은 아닐 것이다. 訓民正音(훈민정음)의 序頭(서두)에서도 明示(명시)되고 있는 바 한글은 漢字(한자)를 補完(보완)할 必要(필요)와 目的(목적)에서 附隨的(부수적)으로 發生(발생)하고 發達(발달)해 왔기 때문에 訓(훈)인 뜻을 갖고 있지 않으며 소리인 音(음)만 갖고 있는 것이다. 從(종)의 位置(위치)에 있을 뿐 뜻이 없는 關係(관계)로 固有(고유)의 單語化(단어화)가 不可能(불가능)한 것이다.

이 民族(민족)의 文字(문자)와 語源(어원)은 모두 漢字(한자)가 根本(근본)이 되고 基礎(기초)로 하고 있기 때문에 한글만으로는 뜻을 正確(정확)하게 表示(표시)하고 傳達할 수 없으며 識別 또한 分明하게 判別할 수 없는 것이다. 한글로 된 文章은 模糊한 글일 뿐 正確性을 期할 수 없는 缺點이 따르고 있다. 結局 사람을 벽창호로 만들고 白痴化하는 것이다.

이 民族의 漢字는 東方民族을 起源시킨 箕子朝鮮 以來 이 民族과 運命을 함께 하면서 固有의 發達道程을 더듬어 오늘에 이르른 文字로 2900年이라는 실로 長久한 歷史를 간직하고 있다. 뿐만 아니라 明瞭하고도 正確한 뜻을 갖고 있는 것이다.

民族의 起源과 運命을 함께 하면서 發達해 온 漢字가 어찌 이 民族의 根本文字가 아닐 수 있겠는가? 겨우 五百餘年의 日淺한 歷史밖에 간직하고 있지 않으며 그것도 漢字를 補完할 必要와 目的에서 附隨的으로 發生한 한글만이 오직 이 民族의 文字이다 우길 性質이 아닌 것이다.

그런 過程과 事物의 理致가 嚴然한데 한글만이 이 民族의 文字라니 世上에 順理와 合理를 拒逆한 牽强附會의 억지도 이보다 더 甚할 수 없을 것이다. 하늘을 이고 도리질

하는 放恣도 분수가 있고 厚顔無恥의 妄發도 程度가 있어야 할 일일 것이다.

無知의 所致일 뿐 厚顔無恥의 그런 억지가 한글專用의 文字政策을 强要하면서 이 民族을 菽麥不辨의 無知와 愚昧의 멍청이 水準으로 誘導하고 있다. 내로라 하는 爲人들이 全혀 理致에 合當하지 않은 헛소리나 뒤죽박죽 늘어놓고 제멋대로 시부렁거리는 寒心한 世上을 만들고 있는 것이다.

漢字를 排斥한 한글專用의 文字政策은 愚昧의 極致로 굴뚝에다 불을 지피는 억지이고 倒錯된 矛盾이며 主客이 顚倒된 文字政策이 아닐 수 없는 것이다. 民族을 白痴로 이끄는 文字政策이 어느 하늘 아래 있을 수 있는 일이겠는가? 民族을 無知로 誘導하고 亡치는 한글專用의 文字政策이 아닐 수 없어 마땅히 是正되어야 할 일인 것이다.

한글專用의 文字政策은 動機가 무엇이든 主客이 顚倒된 無知의 發想으로써 愚昧의 極致가 아닐 수 없는 것이다. 반드시 漢字와 한글이 倂用 敎育되어야 할 正道가 無視된 채 强行된 한글專用의 文字政策이 이 民族의 無知를 助長하고 있으며 愚昧를 蔓延시키고 있다. 民族 스스로의 無知와 愚昧를 自招하고 있는 것이다.

이 時點에서 이 民族이 追求하고 指向하지 않을 수 없는 가장 時急한 課題는 漢字가 學校의 制度敎育으로 收用되고 復元되어 漢字와 한글이 倂行 敎育되는 正道回復일 것이다. 한글 專用의 拙劣하고 亡國的 文字政策이 저지른 過誤를 是正할 大悟覺醒이 있어야 할 것이다.

사실《人間을 살릴 宇宙에너지》의 책에서 標記되고 驅使한 漢字와 한글의 倂行文은 이 民族의 文字가 指向하고 追求하지 않으면 안 될 傳統文字로서 正道의 文字體系라 할 것이다. 時代가 要求하는 文字構圖이고 萬世로 이어져야 할 性質일 것이다.

漢字와 한글의 相扶相助와 輔車相依로 이루어진 倂行文은 民族의 起源과 더불어 綿綿히 이어 發達시켜 온 結果의 産物이며 長長 2900年의 悠久한 歷史를 蓄積시켜 온 끝에 結實을 맺은 寶貝롭고 貴重하기 이를 데 없는 文字體系인 것이다. 世界에서도 類例가 없을 만큼 훌륭한 文字體系이며

他(타)의 追從(추종)을 不許(불허)할 文字構圖(문자구도)인 것이다.

생각해 보라! 어떤 亡國徒輩(망국도배)가 그토록 훌륭하고 寶貝(보배)롭기 그지 없는 民族(민족)의 文字(문자)를 排擊(배격)하고 抹殺(말살)시켜 民族(민족) 모두의 無知(무지)와 愚昧(우매)를 自招(자초)해서 될 일이겠는가? 言語道斷(언어도단)의 妄發(망발)이고 暴擧(폭거)일 것이다.

《人間(인간)을 살릴 宇宙(우주)에너지》의 글은 漢字(한자)와 한글의 倂行(병행)文(문)으로 이 民族(민족)의 傳統文(전통문)일 뿐 難解(난해)한 글이 아니며 至極(지극)히 平凡(평범)하고 平易(평이)한 文章(문장)에 지나지 않을 것이다. 그럼에도 不拘(불구)하고 한글 專用(전용)의 文字政策(문자정책)으로 한글만을 一方的(일방적)으로 배운 知識水準(지식수준)의 한글 世代(세대)는 理解(이해)가 쉽지 않을 것이다.

한글로 吐(토)까지 달아 놓았는데 어찌 理解(이해)할 수 없겠는가 발끈하고 甚(심)히 不快(불쾌)하다면서 못마땅해 할지 모르지만 글이란 읽기만 한다고 해서 理解(이해)에 到達(도달)할 性質(성질)은 아닐 것이다. 이 民族(민족)의 語源(어원)은 모든 單語(단어)가 漢字(한자)를 基本(기본)으로 해서 構成(구성)되어 있기 때문에 漢字(한자)를 배워 그만한 水準(수준)에 到達(도달)하지 않고서는 理解(이해)에 到達(도달)할 일이 아니기 때문이다.

이 民族(민족)이 驅使(구사)하는 글이나 말의 語源(어원)은 例外(예외)없이 모두

漢字를 基本으로 하고 있으며 基礎로 하여 形成되고 있다. 그런 原理와 理由에서 漢字를 배우지 않고 모르면 文章이나 말의 깊은 뜻을 理解하지 못하게 될 수밖에 없을 것이다. 大端히 不幸한 偏見이요 着想이 아닐 수 없지만 한글만 배운 사람은 所見이나 視野가 좁은 탓인지 한글로 된 글을 英語의 文章體系와 同一視하는 傾向이 있는 것으로 보인다. 이는 一顧의 價値도 없는 無知이고 큰 錯覺일 것이다.

英語로 된 文章은 各己 單語마다 固有의 스펠링으로 固有의 뜻이 附與되고 있다. 이에 比해 한글로 된 글은 소리만 있을 뿐 單語化로 形成되어 있지 않아 固有의 뜻을 갖고 있지 않은 것이다.

勿論 漢字用語를 前提로 한다면 뜻이 있고 어느 程度의 理解도 可能하겠지만 그러나 漢字를 前提하지 않는 限 아무런 뜻도 갖고 있지 않은 것이다. 日常生活의 用語는 習慣的인 뜻이 附與되고 있는 것도 否認될 수 없는 일이지만 뜻을 갖고 있지 않은 한글만으로 된 글은 不完全하고 曖昧模糊한 性格일 수밖에 없을 것이다.

그런 理致(이치)에서 漢字(한자)를 배우지 않으면 글의 깊은 뜻을 理解(이해)할 수 없는 일이 當然(당연)한 結果(결과)일 것이다.

한글 標記(표기)의 글이 어찌 뜻을 갖고 있지 않은가 抗辯(항변)할지 모르지만 그게 바로 한글 水準(수준)의 發想(발상)으로 無知(무지)이고 억지인 것이다. 뜻이 없는 소리글로 羅列(나열)해 놓고 그 글이 옳은 글인지 未洽(미흡)한 글인지조차 判斷(판단)하지 못하는데 그게 바로 白痴水準(백치수준)의 人脈(인맥)들이다 하는 것이다.

重要(중요)한 部分(부분)이다 생각되어 다시 한 번 敷衍(부연)하고 說明(설명)해 볼 것이다. 勿論(물론) 漢字(한자)를 前提(전제)로 한다면 한글로 된 文章(문장)도 各單語(각단어)마다 固有(고유)의 뜻을 갖고 있을 것이다. 그러나 漢字(한자)를 前提(전제)하지 않는 限(한) 한글로 된 글은 아무런 뜻도 갖고 있지 않는 것이다. 그런 理由(이유)에서 漢字(한자)를 배우지 않고 한글만 배운 水準(수준)에서는 글을 읽기만 한다고 해서 뜻까지 理解(이해)할 수 있는 性格(성격)은 아닐 것이다.

例(예)를 들어 사람의 이름을 '전말동'이라고 한글로 標記(표기)해 놓으면 그가 田氏(전씨)인지 全氏(전씨)인지를 어떻게 區別(구별)하고 分揀(분간)할 수 있을 일이겠는가? 한글만으로 된 글은 모르면 모르는 그대로 그냥 지나칠 뿐이지 뜻을 正確하게 區別하고 理解할 方法이 없는 것이다. 이 아니 큰 缺點이고 缺陷이 아닐 수 있겠는가?

한글만을 배운 知識水準의 人脈을 幼稚하고 無知 無識의 標本이라 하는 理由가 글의 깊은 뜻을 理解할 수 없는데 있는 것이다. 이래도 漢字를 學校의 制度敎育으로 收用하여 敎育시키지 않겠다고 억지를 부리겠는가?

말 끝마다 "한글 水準의 無知 云云하면서 사람의 비위를 거스르고 罵倒하는 것으로 들리는데 그렇게까지 苛酷하고 甚하게 叱責해도 될 일인가?" 怒發大發하면서 抗議할지 모를 일이다.

사실 누구든 그런 말이 하기 좋아 苦言을 아끼지 않겠는가? 沈默만이 美德이 아니며 民族을 亡치는 不義는 傍觀할 일이 아니라 마땅히 滿天下에 告發되어야 할 것이다.

"良藥은 苦口이나 利於病이요, 忠言은 逆耳이나 利於行"이라는 孔子의 말처럼 筆者의 말이 귀에 거슬려도 民族의 將來를 爲해 반드시 귀담아 듣고 한글 專用의 文字政策이 犯한 過誤와 誤謬를 是正하여 民族을 有識하고 智慧롭게 해야 할 것이다.

객관적 분명 이해 문자 표시
글이란 客觀的으로 分明하게 理解되는 文字로 表示되고
표기 민족 문자구조상 한자교육
標記되어야 할 것이다. 이 民族의 文字構造上 漢字敎育을
일상생활 사용 용어 제외
받지 않으면 日常生活에서 使用하는 用語를 除外한 글이나
이해 차원 지식
말을 理解할 수 없게 되는 것이다. 次元 높은 글이나 知識
이해 도리 백치수준
을 理解할 수 없게 되니 道理없이 멍청이나 白痴水準의
한계
限界를 벗어날 수 없게 되는 것이다.

자립 불가능
한글만으로는 自立이 不可能하다

현대 한자 문자
現代에 이르러서는 漢字와 한글의 어느 쪽 文字도 홀로
자립 완전 피차 불완전 문자
自立할 수 있는 完全한 글이 못된다. 彼此 不完全한 文字
파행 위치 영역
로 跛行의 位置와 領域을 벗어날 수 없는 것이다.

한자 상부상조 문자 보거상의 구사
漢字와 한글의 相扶相助와 두 文字의 輔車相依로 驅使되
표시 병행문 문자 기능 구실
고 表示되는 倂行文만이 오직 文字의 技能과 口實을
완전무결 수행 민족 문자
完全無缺하게 遂行할 수 있는 것이다. 이 民族의 文字가

追求하고 指向하지 않으면 안 될 正道의 文字構造이며 構圖인 것이다.

앞에서도 擧論된 일이지만《人間을 살릴 宇宙에너지》의 글이 오직 이 民族의 傳統文字로 된 平凡한 글일 뿐 難解한 文章이 아닌 것이다. 그럼에도 不拘하고 理解가 쉽지 않은 理由는 漢字와 한글의 倂行文이 되어 한글만을 一方的으로 배운 한글 水準에서는 理解가 容易하지 않으며 쉽게 解讀될 수 없을 것이다. 한글만을 一方的으로 敎育시킨 데 잘못의 根本的 原因이 있는 것이다.

20世紀初 奸惡하고 天下無道한 日本은 壬辰倭亂 以後의 野慾을 버리지 못하고 또 다시 이 땅을 侵犯하고 侵略해 왔다. 36年동안 强占한 것이다.

邪惡하게도 內鮮一體의 口號는 羊頭狗肉의 허울 좋은 甘言利說이었을 뿐 그들은 이 民族의 抹殺을 窮極的인 目的으로 하고 있었다. 그런 前提下에서 먼저 이 民族의 文字부터 追放하고 抹殺시키는 陰謀에 着手했다. 그런

陰謀(음모)의 策動(책동)에서 이 民族(민족)의 文字(문자)가 追放(추방)되고 抹殺(말살)되는 悲運(비운)의 受難時代(수난시대)를 맞고 있었던 것이다.

사람이 글을 배우지 않으면 道理(도리)없이 無知蒙昧(무지몽매)한 無識者(무식자)가 되고 멍청한 人間(인간)이 될 수밖에 없을 것이다. 벽창호의 白痴(백치)가 되는 것이다.

이 民族(민족)은 奸惡無道(간악무도)한 侵略者(침략자) 日本(일본)의 占領期間(점령기간)동안 自己(자기) 民族(민족)의 글을 배울 수 없는 空白期(공백기)를 갖게 되었다. 先人(선인)들이 屢代(누대)에 걸쳐 綿綿(면면)히 蓄積(축적)시켜 놓은 珠玉(주옥) 같은 知識(지식)과 智慧(지혜)의 글을 배워 스스로의 知識(지식)으로 할 수 없는 暗黑期(암흑기)를 맞이하고 있었던 것이다.

비단 文字(문자)와 言語(언어)뿐만이 아니라 民族(민족)이 存亡(존망)의 岐路(기로)에서 彷徨(방황)하는 危機(위기)를 맞고 있던 不幸(불행)한 時代(시대)로 表現(표현)될 수 있을 것이다.

不幸中(불행중) 多幸(다행)으로 二次世界大戰(이차세계대전)이 終熄(종식)되는 渦中(와중)에서 이 民族(민족)은 解放(해방)을 맞고 36年(년)이라는 기나긴 日本(일본)의 桎梏(질곡)에서 벗어나게 되었다.

解放(해방)이 되고 日本(일본)의 쇠사슬에서 풀려나 主權(주권)을 되찾은 이 民族(민족)한테 무엇보다도 가장 時急(시급)하고 重要(중요)한 課題(과제)는 잃

어버린 文字(문자)의 正道回復(정도회복)이었다. 그런데 理解(이해)하기 難堪(난감)한 참으로 奇異(기이)한 現象(현상)이 벌어지고 있었던 것이다.

解放(해방)이 되고 過渡期(과도기)의 잠시 동안 美國(미국)에 依(의)한 軍政(군정)이 執行(집행)되고 있었다. 美軍政下(미군정하)에서는 良識(양식)이 發動(발동)되어 學校(학교)에서 漢字(한자)와 한글의 倂行敎育(병행교육)이 施行(시행)되고 있었다. 文字(문자)의 正道敎育(정도교육)이 復元回復(복원회복)되고 있어 참으로 多幸(다행)이다 여겨져 安堵(안도)의 한숨을 내쉬고 있었던 것이다.

그러던 일이 새 政府(정부)가 들어서면서 青天霹靂(청천벽력)과 같은 變怪(변괴)가 생긴 것이다. 어떤 不純(불순)한 者(자)의 使嗾(사주)이고 陰謀(음모)이며 무슨 動機(동기)에서 저질러진 일인지 그 與否(여부)는 確認(확인)되어 밝혀지고 있지 않지만 侵略者(침략자) 日本(일본)이 强制(강제)한 文字(문자)의 抹殺政策(말살정책)이 이 民族(민족)의 손에 依(의)해 그대로 踏襲(답습)되는 不幸(불행)한 事態(사태)가 벌어지고 있었던 것이다.

民族(민족)의 固有文字(고유문자)이고 뜻과 智慧(지혜)를 兼備(겸비)하고 있으며 寶貝(보배)롭기 그지없는 漢字(한자)가 學校(학교)의 制度敎育(제도교육)에서 排斥(배척) 追放(추방)되고 뜻이 없으며 오직 소리만을 갖고 있는 한글 專用(전용)의 文字(문자) 政策(정책)이 不問曲直(불문곡직) 一方的(일방적)으로 强要(강요)되고 있었던 것이다.

이 어찌된 일일까 하여 驚愕(경악)을 禁(금)할 수 없었지만 이 民族(민족)을 송두리채 無知(무지)와 愚昧(우매)의 行列(행렬)로 내모는 실로 可恐(가공)하고 痛嘆(통탄)스러운 事態(사태)가 벌어진 것이다.

이 民族(민족)의 固有(고유) 文字(문자)이고 根本文字(근본문자)인 漢字(한자)가 學校(학교)의 制度敎育(제도교육)에서 追放(추방)되고 排斥(배척) 抹殺(말살)시키는 한글 專用(전용)의 文字(문자) 政策(정책)이 强行(강행)되면서 이 民族(민족)을 漢字文盲(한자문맹)의 無知(무지)와 愚昧(우매)의 深淵(심연)으로 몰고 간 것이다. 벽창호의 白痴民族(백치민족)을 向(향)한 序曲(서곡)이 始作(시작)되고 있었던 것이다.

無知(무지)도 이에 이르러서는 茫然自失(망연자실)이 있을 뿐 할 말을 잃은 것이다. 世上(세상)에 그런 일도 있을까 싶겠지만 日本(일본)의 侵略者(침략자)가 他民族(타민족)을 抹殺(말살)시키기 爲(위)해서 저지른 蠻行(만행)과 罪惡(죄악)이 이 民族(민족)의 손에 依(의)해 白晝(백주) 公公然(공공연)이 再現(재현)되고 있었던 것이다.

그러면서 아무런 뜻도 갖고 있지 않아 文字(문자)의 技能(기능)과 口實(구실)을 제대로 할 수 없는 跛行文字(파행문자)인 한글 專用(전용)의 文字(문자) 政策(정책)이 一方的(일방적)으로 펼쳐지고 겨우 한글 몇十字(십자)만을 가르치면서 이 民族(민족)을 限(한)없이 無識(무식)하게 만들고 있었다.

이에는 필경 世上에 알려지지 않고 드러나지 않는 어떤 陰謀가 있었을 것이다. 그 陰謀가 도대체 무엇일까?

日本의 植民統治下 自己民族의 文字를 배우지 못한 無知에서 저질러진 結果일까? 아니면 侵略者의 背後 使嗾에 依한 그들의 同調者인 走狗나 間者가 浸透하여 이 民族을 어리석고 無知蒙昧한 種族으로 墮落시키기 爲한 음모와 策略에서 背後 操縱으로 저질러진 일일까?

半世紀도 훨씬 넘긴 이 時點까지 原因이 무엇인지의 與否는 그 眞僞가 밝혀지고 있지 않다.

敗亡하고 逃亡가던 그들 日本人들이 “어디 두고 보자! 20年 안으로 반드시 되돌아 올 것이다” 反省하지 않고 오히려 切齒腐心하며 치를 떨면서 한 말에 미루어 본다면 後者의 可能性도 排除되지 않을 것이다.

어쨌든 可恐한 結果는 그들의 意圖한 바대로 이 民族이 한글 水準을 벗어날 수 없는 菽麥不辨의 無識者요 白痴로 轉落되고 있는 現實인 것이다. 무엇보다도 痛憤을 禁할 수 없는 結果는 半世紀도 훨씬 더 넘긴 이 時點까지 民族의

無知(무지)와 愚昧(우매)를 招來(초래)시킨 한글 一邊倒(일변도)의 文字政策(문자정책)이 저지른 過誤(과오)를 이 民族(민족)이 깨닫지 못하고 있으며 잘못이 是正(시정)되지 않고 있다는 事實(사실)일 것이다.

原因(원인)이 무엇이고 어째서 오늘의 結果(결과)를 自招(자초)한 것인지 事實(사실)대로 糾明(규명)되고 밝혀져야 할 일일 것이다. 한편 民族(민족)을 한 줄기로 漢字文盲(한자문맹)의 無知(무지)와 愚昧(우매)로 이끌고 招來(초래)시킨 過誤(과오)를 默認(묵인)하고 不義(불의)를 江(강) 건너 불구경하듯 袖手傍觀(수수방관)하고 幇助(방조)한 이 民族(민족)은 應分(응분)의 責任(책임)을 免(면)할 수 없을 것이다. 責任(책임)을 져야 하는 것이다.

漢字(한자)를 배우지 않아 모르는 漢字文盲者(한자문맹자)는 善惡(선악)을 分別(분별)할 줄 모르고 事理(사리)를 바르게 判斷(판단)할 수 없는 無知(무지)와 멍청이로 直結(직결)된다. 漢字(한자) 속에 先人(선인)들이 屢代(누대)에 걸쳐 蓄積(축적)시켜 놓은 珠玉(주옥) 같은 知識(지식)과 智慧(지혜)가 모두 담겨져 있는데 그 漢字(한자)를 배우지 않아 모르고 있으니 有益(유익)한 知識(지식)이 定着(정착)되지 않아 벽창호의 白痴(백치)일 수밖에 없는 것이다. 善惡(선악)의 事理判斷(사리판단)을 할 수 없는 게 오히려 當然(당연)한 理致(이치)이고 歸結(귀결)일 것이다.

어떤 動機(동기)에서이건 民族(민족)의 根本文字(근본문자)인 漢字(한자)를 排斥(배척)하고

抹殺시킨 行爲는 天人共怒할 蠻行으로 容恕될 수 없을 것이다. 愚昧의 極致로 民族을 不學無識의 白痴로 몰고 가며 재촉하고 있기 때문이다.

事理를 分別하지 못하고 附和雷同하며 한글 專用의 文字政策을 是正하지 못하고 固執한 結果는 이 民族을 漢字文盲의 無知와 愚昧의 深淵으로 墜落시키고 있는 것이다. 民族이 한 덩어리가 되어 不學無識의 行列을 形成하고 있는 것이다.

이 民族의 言語構造는 言語의 根幹이 그러니까 言語의 技能과 本質이 모두 漢字를 根本으로 하고 있다. 이 民族의 語源이 모두 漢字를 根據로 하고 있는 것이다.

그런 漢字를 배우지 않고 모르면 글이나 말의 正確한 뜻을 理解할 수 없어 道理없이 無知蒙昧의 限界를 벗어날 수 없는 것이다. 이 民族이 一衣帶水로 한글 水準의 不學無識者로 轉落되고 있는 理由가 漢字를 배우지 않은 데 原因이 있는 것이다.

漢字를 學校의 制度敎育에서 追放하고 한글 專用의 文字政策을 劃策하고 策動한 그들이 意圖한 目的이 이 民族의

無知 蒙昧化에 있었던 것으로 보인다. 漢字를 배우지 않은 이 民族은 瞬息間에 그들이 意圖한 目的대로 無知와 愚昧의 白痴群像으로 墜落하고 있다.

漢字知識이 없고 뜻을 갖고 있지 않은 한글 몇 十字만을 겨우 배운 이 民族은 自己들의 所見과 識見이 우물 안의 개구리格인 좁은 視野의 知識인지도 모르고 自己의 알량하고 보잘것 없는 知識이 마치 天下의 모든 것이다 하는 誇大妄想에 陶醉된 채 甚한 錯覺에 빠져 있는 것이다.

救濟不能의 現實이 아닐 수 없지만 무슨 뜻인지도 모를 頭序없는 말을 뒤죽박죽 張皇하게 늘어놓고 제멋대로 시부렁거리는 실로 寒心하고 웃지 못할 作態가 到處에서 展開되고 있기 때문이다.

社會는 幼稚한 稚氣가 판치고 全혀 理致에 符合되지 않으며 良識이 行使되지 않는 억지로 온통 뒤범벅이 되어 어수선하다. 漢字知識의 바탕이 없고 人格이 形成되지 않은 사람들은 不汗黨 같은 爲人이 되어 눈만 비비고 떴다 하면 오직 돈만을 渴求하며 찾아 血眼이 된 채 世上은 不條理의

人脈들로 들끓고 있다.

良識이나 有益한 知識은 간 곳 없고 사람들이 오직 돈만을 渴求하고 헤매다 보니 社會는 不條理만이 亂舞하고 蔓延되는 亂脈相의 世態로 變하고 있다. 原因이 무엇일까? 自己 民族의 根本文字인 漢字를 배우지 않아 人格이 形成되고 있지 않기 때문인 것이다.

이 民族은 世上에서 類例를 찾아보기 힘들고 他의 追從을 不許할 정도로 훌륭하고 優秀한 文字를 갖고 있다. 先人의 恩德이겠지만 뜻이 鮮明하고 赤裸裸하게 認識되는 漢字와 그 漢字를 훌륭하게 뒷받침하고 補助하는 한글을 갖고 있는 것이다.

民族의 固有文字인 漢字와 한글의 倂行文은 比할 데 없이 좋은 글인데 어찌하여 漢字를 헌신짝처럼 버리고 民族이 자꾸만 不學無識의 멍청이 白痴로 變해 가는 것일까?

"어찌 말 끝마다 無知 멍청이 아니면 白痴 云云하는 투가 은근히 한글 人脈을 罵倒하는 뜻으로 들려서 不快하고 귀에 거슬린다. 社會의 頂上級에 올라있는 내가 어찌 無知의 標本이 되고 멍청이이며 白痴水準이라는 말인가?" 하면서 도리어 詰難하고 못마땅해 할지 모를 일이다.

善惡을 分別할 줄 모르며 自己들의 不足함을 認識할 줄 모르는 根本에 이 民族의 悲哀가 있다 할 것이다.

民族의 根本文字인 漢字를 배우지 않고 뜻이 없는 附隨文字인 한글만 一方的으로 배운 한글 水準의 人脈은 道理없이 無知蒙昧의 領域과 限界를 벗어날 수 없으며 멍청이의 白痴가 될 수밖에 없는 것이다.

오늘날의 그런 結果를 招來시킨 한글 一邊倒의 文字政策에 責任이 있으며 먼저 自己의 不足함을 認識하고 反省해야 할 일로 何等 탓할 일이 아닐 것이다. 어찌 그런가 그 理由를 알아야 할 것이다.

或者는 이 民族이 使用하고 있는 漢字를 이 民族 固有의 根本文字가 아니고 中國에서 輸入하여 빌려 쓰고 있는 外來文字라고 主張한다. 三國時代에 들어왔다는 것이다. 그러나 그런 主張은 無知의 所致일 뿐 터무니없는 억지이고 偏見이며 歷史的 事實을 모르고 하는 歪曲된 말로 큰 錯覺인 것이다.

東洋의 文字인 漢字는 東洋人의 누구도 使用할 充分한 權利를 갖고 있는 것이지만 이 民族이 使用하는 漢字는 2900年 前부터 民族의 起源과 더불어 由來를 함께 해 온 文字이다. 長久한 歷史를 간직하고 있으며 이 民族의 起源과 軌를 함께 하고 運命을 같이 하여 發達한 文字인 것이다.

우리의 漢字가 이 民族의 起源과 더불어 있어 왔고 發達한 文字라면 當然한 理致로 이 民族의 固有文字이고 根本文字인 事實에 틀림이 없을 것이다. 東洋의 文字인 漢字가 어느 곳에서 起源되고 誕生하여 發生했던지 間에 이 民族이 自己들의 固有文字로 定着시켜 開發하고 發達시켜 왔다면 自己民族의 固有文字일 수밖에 없는 일일 것이다.

今時初聞의 일로 그게 틀림이 없고 어김없는 眞實인가 할 것이다. 由來가 克明하게 說明되고 틀림이 없는 眞實인가의 與否가 마땅히 確認되고 證明되어야 옳을 것이다.

그렇다면 이 民族이 어떤 動機에서 어느 때부터 漢字를 써 왔을까? 먼저 이 民族의 起源이 밝혀져야 하고 漢字를 써 온 由來가 克明하고 明確하게 밝혀져야 할 것이다.

이 民族(민족)의 起源(기원)을 遡及(소급)해 더듬어 올라가면 다음과 같은 順序(순서)로 分類(분류)될 것이다.

現在(현재)에서부터 朝鮮(조선), 高麗(고려)를 거쳐 高句麗(고구려), 百濟(백제), 新羅(신라)의 三國時代(삼국시대)로 거슬러 올라가게 된다. 또 百濟(백제)와 新羅(신라)의 前身(전신)인 馬韓(마한), 辰韓(진한), 弁韓(변한)의 三韓時代(삼한시대)와 高句麗(고구려)의 前身(전신)이라 할 수 있는 樂浪(낙랑) 四郡(사군)과 衛滿朝鮮(위만조선)으로 올라가며 끝내는 頂点(정점)인 箕子朝鮮(기자조선)에 到達(도달)하게 된다. 箕子朝鮮(기자조선)이 開國(개국)의 始初(시초)가 되고 箕子(기자)가 始祖(시조)가 된다.

周知(주지)해야 할 일이지만 東方(동방)에 箕子朝鮮(기자조선) 以前(이전)의 人間歷史(인간역사)는 없었다. 始初(시초)의 나라 이름이 朝鮮(조선)으로 命名(명명)되고 있었지만 箕子(기자)가 中心人物(중심인물)이 되어 세운 나라이기 때문에 便宜上(편의상) 箕子朝鮮(기자조선)으로 呼稱(호칭)되고 있다. 한편 朝鮮(조선)의 對稱(대칭)으로 古朝鮮(고조선)으로 불려지고 있기도 한다.

漢字는 箕子朝鮮때부터 使用되었다

東方의 이 땅에서 始初의 나라를 開國하고 建國한 箕子는 果然 누구인가? 箕子는 이 民族의 始祖이지만 說話的인 架空의 人物이 아닌 實存人物이다. 東洋의 歷史가 證明하고 있는 일로 正確히 2900年 前에 生存했던 實存人物이다. 孔子에 앞서기 약 400年쯤 되며 春秋時代가 始作되기 바로 直前인 것이다. 그 當時의 人物로는 史馬遷이 쓴 史記의 첫머리에 올라있는 義人 伯夷와 叔齊가 있었으며 곧은 낚시로 有名한 姜太公이 있었다.

따라서 이 民族은 箕子를 始祖로 正確히 2900年 前에 誕生되고 起源되었음을 알게 되는 것이다.

斷言하거니와 東方에서 箕子朝鮮 以前의 人間歷史는 없었다. 人間의 足跡이나 역사의 흔적을 찾아 볼 수 없는 것이다. 南端의 半島에서 高句麗가 起源된 滿洲의 北方大陸을 開拓한 最初의 人口는 箕子朝鮮의 人脈들이며 高句麗는 箕子朝鮮의 人脈이 北進해서 開拓하고 形成시킨 種族인 것이다.

그러니까 結論은 箕子가 東方에 처음으로 와서 開拓하고 東方民族을 起源시킨 張本人이며 東方民族을 誕生시킨 始祖가 된다는 뜻으로 歸結되는 것이다. 그런 事實은 이 民族의 歷史가 證明하고 있다.

本人의 著書인《大東方國의 挫折》이라는 책에서 箕子朝鮮의 顚末이 昭詳하게 記述되고 있으니 參考한다면 理解에 큰 도움이 될 것이다.

반드시 알아두어야 할 일이겠지만 이 民族이 쓰고 있는 漢字는 民族이 起源된 2900年 前의 箕子와 箕子가 세운 箕子朝鮮때부터 使用되어 由來하고 있는 事實이 確認되고 있다. 民族의 始祖인 箕子와 그가 建國한 箕子朝鮮 以來 使用되어 온 文字라면 그 漢字는 當然한 理致로 이 民族의 根本文字이고 固有文字인 事實에 틀림이 없는 것이다.

箕子는 本是 中原胎生의 人物이었다. 中原에서 宗主國의 役割을 하고 있었던 殷나라 사람이고 殷나라의 王族이었다. 箕子는 著名한 學者이기도 했지만 荒淫無道한 짓만 골라 일삼다가 끝내 周나라의 武王한테 滅亡하고 만 殷나라의 마지막 王인 紂의 三寸叔父이기도 했다.

孔子는 “殷에 三仁이 있다”고 말했다. 箕子는 孔子가 말한 殷나라의 세 어진 사람 가운데 한 사람인 것이다.

殷나라가 滅亡하자 箕子는 失意의 나날을 보내고 있었으나 이윽고 ‘麥秀之嘆’의 글을 남긴 채 멀리 東方으로 亡命해 온 것이다. 그는 前人未踏의 新天地를 開拓하고 東方民族을 起源시켰으며 箕子朝鮮을 建國한 것이다.

東方으로 進出하고 未知의 新天地를 開拓해서 東方民族을 起源시킨 箕子의 人脈이 中原의 殷나라 出身이기 때문에 箕子朝鮮 以來의 이 民族은 中原의 殷나라 地域에서 移動해 온 移住民族이며 그들의 後裔인 事實을 如實히 窺知하게 되는 것이다. 아니라고 우기며 否認해도 歷史가 證明하고 있는 일로 足跡이 歷然한 事實을 누가 敢히 拒逆하고 否認할 일이겠는가?

箕子의 東方進出과 民族起源은 歷史가 證明하고 있는 眞實이어서 否認되거나 歪曲될 수 없는 性格인 것이다.

東方民族(동방민족)인 이 民族(민족)이 使用(사용)하는 漢字(한자)는 箕子朝鮮(기자조선) 以來(이래) 이 民族(민족)과 運命(운명)을 함께 하면서 2900年(년)의 命脈(명맥)을 綿綿(면면)히 維持(유지)하고 支撑(지탱)해 온 실로 長久(장구)한 歷史(역사)를 간직하고 있다.

이 民族(민족)의 漢字(한자)는 五百餘年(오백여년)을 維持(유지) 存續(존속)시킨 箕子朝鮮(기자조선)을 爲始(위시)하여 衛滿朝鮮(위만조선)의 150年(년)과 그 後(후) 樂浪(낙랑) 四郡(사군)을 거쳐 馬韓(마한) 辰韓(진한) 弁韓(변한)의 三韓時代(삼한시대)와 高句麗(고구려) 百濟(백제) 新羅(신라)의 三國時代(삼국시대)에 이르며 高麗(고려) 朝鮮(조선)을 거쳐 現在(현재)로 이어지고 있다. 그런 道程(도정)으로 2900年(년)동안 이어지면서 이 民族(민족)의 漢字(한자)가 發達(발달)한 結果(결과)는 歷史(역사)가 證明(증명)하고 있는 明白(명백)한 事實(사실)인 것이다. 民族(민족)의 起源(기원)과 더불어 歷代(역대)로 이어져 써 온 漢字(한자)가 어찌 이 民族(민족)의 固有文字(고유문자)가 아닐 수 있겠는가?

根本(근본)이야 中原(중원)의 古代言語(고대언어)와 文字(문자)인 漢字(한자)하고 同質(동질)의 性格(성격)이었을 것이다. 그러나 이 民族(민족)의 言語(언어)와 文字(문자)인 漢字(한자)는 2900年(년) 前(전) 箕子(기자)와 그들 人脈(인맥)이 갖고 東方(동방)으로 移動(이동)해 오면서 멀리 떨어진 地理的(지리적) 距離(거리) 關係上(관계상) 自然(자연)히 中原(중원)의 言語(언어)와 文字(문자)하고 分離(분리)되고 異質化(이질화)되어 온 것이다.

當然한 理致이겠지만 이 民族의 言語와 文字인 漢字는 固有의 發達道程을 더듬어 오늘에 이르면서 變하고 土着化된 言語이고 文字인 것이다.

다시 한 번 말하지만 2900年 동안이나 固有의 發達道程을 더듬어 오늘에 이르고 있는 이 民族의 漢字가 어찌 이 民族의 根本文字가 아닐 수 있겠는가? 無知의 所致일 뿐 排斥하고 버리며 抹殺시킬 性格의 文字가 아닌 것이다.

그럼에도 不拘하고 現實은 漢字가 學校의 制度教育에서 疎外된 채 追放되고 排斥되어 民族의 無知와 愚昧를 재촉하면서 瀕死의 窒息 一步 前인 慘憺하고 悽慘한 運命에 直面하고 있다. 風前燈火의 危殆로움과 非命橫死의 危機에서 呻吟하고 있는 것이다.

漢字 없는 이 民族의 言語와 글은 存在할 수도 없으며 存在할 意義 또한 없는 것이다. 民族의 根幹文字인 漢字를 抹殺시키고 한글 專用의 文字政策을 固執하면서 겨우 한글 몇 十字만을 一方的으로 가르치고 배운 이 民族은 한 줄기로 不學無識한 群像으로 轉落되고 있다.

너나 할 것 없이 民族의 모두가 漢字文盲의 無識한 隊列에 서서 무슨 뜻인지도 모를 妖妄한 말을 제멋대로 늘어놓으면서 張皇하게 시부렁거리는 실로 웃지 못할 寒心하고 痛嘆스런 世上이 되고 말았다. 日常生活에서 使用되는 用語를 벗어나면 도무지 무슨 말을 하고 있는지 核心이 把握되지 않으며 五里霧中의 迷路인 양 理解되지 않는 것이다.

龍頭蛇尾라더니만 本質은 蒸發되고 엉뚱한 곳으로 끝이 흘러 糊塗되는 것이다.

自己民族의 根本文字인 漢字를 學校의 制度敎育에서 排斥 追放하고 抹殺시켜 배우지 않으면서 뜻이 曖昧模糊한 한글 몇 十字만을 겨우 가르쳐 民族을 五方之 한 또래의 不學無識輩로 轉落시키고 墮落시킨다는 말이 도대체 어느 하늘 아래 있을 수 있을 일이겠는가? 世上에 그런 어리석고 미련스런 일은 있을 수 없을 것이다. 語不成說의 精神나간 짓으로 言語道斷의 暴擧이고 民族을 亡칠 妄發이며 愚昧의 極致가 아닐 수 없는 것이다.

民族의 根本文字인 漢字를 배우지 않고 모르는 人脈들은

誰何를 莫論하고 深奧한 思考力이 缺如되고 있으며 迷妄으로 흐를 수밖에 없는 것이다. 先人들이 刻苦의 努力을 기울이며 形成시키고 蓄積시킨 知識과 智慧를 배우지 못했기 때문이다.

이 時點에서는 내가 모르니까 하고 彼岸의 火災를 求景하듯 束手無策인 채 袖手傍觀하고 있을 일이 아닌 것이다. 民族의 밝은 未來를 爲해서 자라나는 어린 棟樑들부터는 期必코 漢字를 가르치고 배우도록 措置해야 할 切迫한 時點인 것이다.

漢字는 智慧롭기 그지없는 文字이다. 이 民族은 自己民族의 根本文字인 漢字를 배우지 못한 좁은 所見과 識見에서 良識을 行使할 수 없고 善惡과 事理判斷을 바르게 할 수 없는 어리석음을 自招하고 있다. 이제 한글 專用의 文字政策이 저지른 前非가 바르게 糾明되어야 하며 뉘우치고 民族의 不學無識을 招來시킨 지난 過誤를 是正할 一大勇斷이 내려져야 할 것이다.

動機가 무엇이든 間에 民族의 愚昧를 招來시킨 한글 一邊倒의 文字政策이 犯한 過誤와 誤謬를 是正하고 匡正해서 民族을 正當하게 引導하는 大悟覺醒이 要望되는 것이다. 區區하게 되풀이된 말이지만 한글은 漢字를 補完할 必要와 目的에서 發生하고 發達한 文字이기 때문에 附隨文字의 限界와 領域을 벗어날 수 없다. 한글은 소리文字의 限界를 뛰어 넘을 수 없는 것이다.

글이란 訓인 뜻이 分明하게 明示되고 소리가 뒤따라야 할 性格인데 뜻이 없는 한글만으로는 文字의 技能과 口實을 完全無缺하게 行使하고 遂行할 수 없는 것이다. 結局 한글만으로는 自立할 수 없다는 結論에 到達하게 되는 것이다.

글이란 分明한 뜻이 表示되고 正確한 理解로 誘導되어야 할 性格일 것이다. 뜻이 明確하지 않은 記號水準으로 模糊하게 羅列되어 釋然치 못한 理解로 混亂을 惹起시킬 性質이 아닌 것이다.

原始人들은 글을 몰랐어도 잘 살아왔고 한글만으로 된 글로도 社會는 그런대로 굴러왔지 않느냐 할 수도 있을 것이다. 文化는 不毛地인 채 뒤떨어지고 施行錯誤만 계속되면서

混亂(혼란)이 加重(가중)되는 그런 社會(사회)가 오죽할까만 그와 같은 思考方式(사고방식)은 危險千萬(위험천만)한 發想(발상)으로 한글 水準(수준)의 無知(무지)에서나 할 수 있는 억지이며 愚昧(우매)한 者(자)의 無責任(무책임)한 放言(방언)에 지나지 않는 것이다. 이 民族(민족)의 言語(언어)와 文字(문자)가 中原(중원)의 言語(언어)와 文字(문자)에서 分離(분리)되어 發達(발달)한 特殊(특수)한 與件(여건)과 構造(구조)에서 漢字(한자)와 한글의 輔車相依(보거상의)는 不可分(불가분)의 關係(관계)에 있는 것이다. 漢字(한자)와 한글의 두 文字(문자)가 서로 協力(협력)하고 協助(협조)하는 相扶相助(상부상조)가 이루어질 때 비로소 完璧(완벽)한 口實(구실)을 完遂(완수)할 수 있고 제대로의 文字技能(문자기능)을 發揮(발휘)할 수 있는 것이다.

그 글이 漢字(한자)와 한글의 倂行文(병행문)이고 이 民族(민족)이 追求(추구)하고 指向(지향)하지 않으면 안 될 文字(문자)의 正道(정도)이며 現住所(현주소)인 것이다.

거듭 말하지만 이 民族(민족)의 文字構造(문자구조)는 漢字(한자)와 한글의 相扶相助(상부상조)와 輔車相依(보거상의)로 이루어지는 倂行文(병행문)을 絶對的(절대적)으로 必要(필요)로 하고 있다. 두 文字(문자)의 倂行文(병행문)은 拒否(거부)될 수 없는 時代的(시대적) 要求(요구)이고 막을 수 없는 潮流(조류)인 것이다. 漢字(한자) 없는 이 民族(민족)의 文字(문자)는 虛構(허구)이며 民族(민족)의 根本文字(근본문자)인 漢字(한자)를 除外(제외)한 한글만으로는 도저히 自立(자립)이 不可能(불가능)한 것이다.

이 時點에서 누가 어떤 精神나간 헛소리로 誤導하고 糊塗하며 發惡한다 해도 그건 亡國的 行爲에 지나지 않으며 漢字와 한글의 倂行文 以外 다른 選擇의 餘地가 없는 것이다.

한글 專用의 文字政策은 民族을 송두리채 한글 水準의 無知 無識者로 轉落시키며 墮落시키고 있다. 民族을 無知로 도배질하고 暗黑 天地化시키는 可恐할 愚를 犯하고 있는 것이다. 그런 暗黑天地에서 이 民族이 救出되고 脫出하기 爲해서는 하루 速히 漢字가 學校의 制度敎育으로 收用되고 復元되어 한글과 倂行 敎育되는 正道가 回復되어야 할 것이다. 世界에서 類例가 없을 程度로 훌륭하고 優秀한 文字를 갖고 있는 民族이 그 文字를 버리고 배우지 않으면서 스스로의 愚昧와 無知를 自招하고 있다면 그게 될 말이며 精神나간 民族이 아니라고 否認될 수 있을 일이겠는가? 祖上인 先人들에 對한 背恩忘德도 분수가 있을 일이지 民族의 모두를 亡치는 行爲로 제 精神이 아닌 일인 것이다. 내가 어찌 제 精神이 아닌 無知와 愚昧의 標本이 되고

井底之蛙인 좁은 所見의 미욱한 人間이 된다는 말인가 하면서 핏대를 올리고 오만상을 찌푸리며 不滿이다 해도 그건 어디까지나 한글만 겨우 배운 한글 水準에서나 할 수 있는 말일 것이다. 한글 水準이란 無知의 代名詞로 한글만 一方的으로 배운 水準이 自己의 不足함이나 無知를 알 턱이 없을 것이다.

뜻이 없고 跛行의 한쪽 文字의 技能과 役割밖에 할 수 없는 한글만을 一方的으로 배워서는 글의 正確한 뜻을 理解할 수 없게 되어 道理없이 無知蒙昧의 限界와 水準을 벗어날 수 없는 것이다. 어찌 그런가, 原因과 理由를 알아야 할 것이다. 이 民族은 東洋民族의 一員이다. 知識이 하늘에서 그냥 떨어질 性質이 아니기 때문에 뜻이 明確하게 表示되고 表現되는 漢字를 배우지 않으면 有史 以來 五千年의 長久한 時間동안 先人들이 刻苦의 努力을 기울이며 가꾸고 綿綿히 이어 蓄積시킨 珠玉 같은 知識과 智慧를 스스로의 財産으로 할 수 없는 것이다.

스스로의 人格을 陶冶할 수 없고 自己의 知識과 智慧를

有益하게 形成시킬 수 없어 空洞人間이 될 수밖에 달리 道理가 없을 것이다.

이 民族은 日本의 侵略에서 벗어난 光復 以後 自己民族의 固有文字이고 根本文字인 漢字를 어리석게도 學校의 制度敎育에서 追放하고 배우지 않은 亡國的 愚를 犯하고 있다. 世上에 이보다 어리석은 行爲가 어느 하늘 아래 또 있을 수 있을 일이겠는가?

自己民族의 固有文字이고 根本文字인 漢字를 가르치지 않고 배우지 않으면서 民族이 끝없이 멍청해지고 미련스러워지는 天人共怒할 蠻行이 白晝 公公然하게 저질러지고 있는 것이다.

이 時點까지 어떤 不純한 者의 策動과 무슨 動機에서 저질러진 文字政策의 過誤인지 그 與否는 밝혀지고 있지 않다. 그러나 結果는 民族이 一衣帶水의 한 줄기로 漢字文盲의 無識者로 轉落되어 理致에 맞지 않는 헛소리나 지껄이는 可恐할 事態로 이어지고 있는 것이다.

어찌 되었던지 間에 民族의 根本文字인 漢字를 外面한 한글 專用의 文字 政策은 愚昧의 極致로 이 民族을 송두리

채 無知의 深淵으로 墜落시키고 있는 것이다. 天人共怒할 罪惡일 뿐 自己 民族의 根本文字인 漢字를 버리고 가르치지 않는 敎育이 무슨 存在할 意義가 있으며 價値가 있을 일이겠는가?

실로 驚愕을 禁할 수 없는 痛嘆스러운 現實로 元位置로의 是正이 不可避하며 一刻도 遲滯될 수 없는 緊迫한 時點일 것이다. 더 以上 坐視할 수 없고 默過될 수 없는 性格으로 果敢한 是正策이 促求되고 要望된다 할 것이다.

過誤를 犯한 文字 政策의 是正

民族의 根本文字인 漢字를 排斥하고 抹殺시킨 한글 專用의 文字 政策이 이 民族을 漢字 文盲의 無知와 愚昧로 이끈 過誤와 誤謬는 是正이 不可避하다. 한글 專用의 文字 政策이 犯한 悖惡을 是正한다면 어떤 方策이 가장 效果的이면서 有益한 方法이 될까?

한글 專用의 文字 政策은 民族의 無知를 招來시키는 根源으로 時急히 是正되지 않으면 안 될 焦眉의 危急한 民族的 課題로 登場하고 있는 것이다.

漢字는 배우고 나면 智慧와 知識이 天衣無縫으로 솟구쳐 나오는 比할 데 없이 有益하고 좋은 文字이지만 배우기 또한 그만큼 어려운 것이다. 갈피를 못 잡고 右往左往 허둥대서는 될 일이 아니기에 다음의 가장 合理的이고 效率的인 方策을 提示하고자 한다.

晩覺의 感이 없지 않지만 이 民族의 文字敎育에서 漢字敎育이 度外視되어서는 敎育의 大本이 成立되지 않는다고 自覺한 初等學校와 中等學校의 校長을 爲始한 뜻있는 先生님들이 自體的인 漢字敎育에 心血을 기울이고 있는 것으로 보인다. 꺼져가는 불빛을 되살려 밝히고자 안간힘을 기울이고 있는 일일 것이다.

이 民族의 未來를 爲하여 多幸한 일로 大端히 鼓舞的이고 希望的인 現象이 아닐 수 없을 것이다. 銘心해야 할 일은 이 民族이 쓰는 漢字는 外國語가 아니고 이 民族의 根本文字인 事實을 認識할 必要가 있는 것이다.

問題(문제)는 時代的(시대적)인 潮流(조류)와 狀況(상황)이 變(변)하고 있는 만큼 옛날의 書堂(서당)에서처럼 千字文(천자문)이나 外國語式(외국어식)으로 漢字(한자)를 獨立(독립)시켜 가르쳐서는 되지 않는다 하는 것이다. 그런 方式(방식)은 效率的(효율적)인 方法(방법)이 되지 않으며 이 時代(시대)의 情緖(정서)와 潮流(조류)에 符合(부합)되지 않는다는 事實(사실)인 것이다.

지금은 漢字(한자)와 한글의 共存時代(공존시대)이고 두 文字(문자)의 倂行文(병행문) 時代(시대)를 맞이하고 있다. 現在(현재)의 狀況(상황)에 符合(부합)되고 時代潮流(시대조류)에 걸맞는 敎育方法(교육방법)이 導入(도입)되어야 하는 것이다.

漢字(한자)와 한글의 倂行文(병행문)이 收容(수용)되고 敎育(교육)되는 制度改善(제도개선)이 必要(필요)하며 그에 準(준)하는 文字政策(문자정책)이 立案(입안)되고 施行(시행)되어야 한다는 事實(사실)인 것이다.

한 나라의 文字政策(문자정책)은 未來(미래)를 짊어지고 나갈 次世代(차세대)의 어린 棟樑(동량)들한테 焦點(초점)을 맞추고 重點(중점)을 두지 않을 수 없는 일일 것이다. 基礎(기초)를 重視(중시)하지 않을 수 없는 일이기 때문이다.

자라나는 靑少年(청소년)들을 有識(유식)하고 智慧(지혜)롭게 하면서 人格(인격)이 陶冶(도야)되는 有爲(유위)의 人物(인물)로 育成(육성)시키기 爲(위)해서는 무엇보다도 먼저 效果的이면서 能率的인 教育方策이 立案 講究되고 採擇 導入되어야 할 것이다.

이제까지 이 民族이 發展되어 온 過程에서의 最終 文字構造는 漢字와 한글이 서로 돕는 두 文字의 倂行文을 必要로 하는 時代로 進入하고 있다.

다음 世代를 이어갈 어린 棟樑들이 文字知識을 넓히고 有爲의 人格을 形成시켜 有識하고 智慧롭게 教育되기 爲해서는 千八百字 內外의 常用漢字가 學校의 制度教育으로 收容되어 混合文으로 漢字와 한글이 倂行 教育되는 制度 改善을 絶對的으로 必要로 하고 있으며 要求하고 있는 것이다.

初等學校 一學年에서 六學年까지의 全過程의 學課와 中等學校 三年間의 學課 過程에서 千八百字의 常用漢字가 한글과 함께 倂行文으로 만들어져 全方位로 가르치고 배우도록 하며 되풀이 履修되어야 하는 것이다. 教科書의 全面修正이 不可避할 것이다.

먼저 基本的으로 國語 教科書에 千八百字의 常用漢字를

漢字와 한글을 混用한 倂行文으로 編成해서 敎育시키고 이를 基準으로 하여 모든 傍系 敎科書에도 各學年의 基準따라 收容하여 全方位로 敎育시켜야 效果的인 成果를 期待할 수 있을 것이다. 그런 方式만이 所期의 目的을 達成할 수 있으며 正道를 回復하게 될 것이다.

初等學校와 中等學校의 過程에서 千八百字의 常用漢字가 敎育되고 消化되어야 자라나는 어린 棟樑들을 希望차고 모자람이 없는 有爲의 人材로 敎育시킬 수 있을 것이다. 漢字와 한글의 倂行敎育만이 正常回復의 지름길이 되고 順理를 定着시킬 수 있을 것이다.

敎育은 出發하는 基礎가 重要하기 때문에 未來社會를 責任질 어린 棟樑들을 中心으로 해서 焦點을 맞추고 力點을 두지 않을 수 없을 것이다. 國語 敎科書에 收容한 基本漢字를 모든 傍系 敎科書에도 빠짐없이 收錄시켜 되풀이 履修시켜야 그들의 知識이 日就月將 能率的으로 向上되고 充實해질 것이다. 百年之大計의 敎育成果를 期待할 수 있게 될 일일 것이다.

이제까지 배운 漢字(한자)와 한글의 併行文(병행문)이 高等學校(고등학교)와 大學校(대학교)에서 充分(충분)히 應用(응용)될 때 비로소 所期(소기)의 敎育成果(교육성과)와 目的(목적)이 達成(달성)될 수 있을 것이다.

이미 被害(피해)를 입고 漢字文盲(한자문맹)의 無知(무지)로 半身不隨(반신불수)가 된 既成世代(기성세대)야 社會(사회)나 本人(본인)들의 努力(노력)에 一任(일임)하는 수밖에 달리 救濟(구제)의 方道(방도)가 없을 것이다. 그들의 救濟(구제)는 달리 方道(방도)가 없고 不可能(불가능)하겠지만 그러나 希望(희망)이요 成長期(성장기)인 어린 棟樑(동량)들은 반드시 救濟(구제)되어 正道(정도)의 敎育(교육)을 받도록 뒷받침 해야 할 것이다.

漢字(한자)와 한글의 併行敎育(병행교육)이 施行(시행)되어 定着(정착)하지 않고서는 그들의 救濟(구제)는 遙遠(요원)한 일일 뿐 無知(무지)로 도배질되는 指鹿爲馬(지록위마)의 白痴世代(백치세대)는 그대로 계속 이어질 것이다. 이 民族(민족)을 有識(유식)하고 智慧(지혜)롭게 向上(향상)시킬 수 없으며 正道(정도)를 復元(복원)시킬 수 없는 것이다. 力量(역량) 있는 民族(민족)으로 跳躍(도약)하기 爲(위)해서는 心機一轉(심기일전)하여 民族(민족)의 밝은 未來(미래)를 開拓(개척)해야 할 것이다.

이 民族(민족)은 羞恥(수치)를 알아야 하는 것이다. 도대체 自己民族(자기민족)

의 根本文字인 漢字를 헌신짝 내동댕이치듯 버리고 배우지 않으면서 民族이 한 덩어리가 되어 不學無識의 무지렁이나 멍청이로 轉落된다는 일이 어느 하늘 아래 있을 수 있을 일이겠는가? 이 民族은 無知의 平準化가 되고 있는 것이다. 自己民族의 根本文字인 漢字를 버리고 배우지 않으면서 無識의 標本이 되고 白痴가 되어 世人의 指彈을 받고 嘲笑의 對象인 채 蔑視를 當할 일이 아닐 것이다.

내가 어찌 無識의 標本이 되고 멍청이의 無知輩인가 反問하겠지만 漢字를 배우지 않아 先人들이 蓄積시킨 智慧를 갖고 있지 않으며 事物의 理致를 바르게 判斷하지 못하는 사람들이 自己의 無知나 無識을 認識하고 있을 일은 아닐 것이다. 燈下不明의 일일 수밖에 없을 것이다.

漢字를 모르는 한글 水準의 知識이 井底之蛙의 좁은 所見인 줄도 모르고 自己의 하찮은 知識이 天下의 全部이다 錯覺하며 氣高萬丈이겠지만 그건 그 水準에서나 할 수 있는 말일 것이다. 客觀的인 見地에서 본다면 이보다 더 甚한 厚顔無恥의 無知沒覺도 없을 것이다. 오직 白痴의 辯일 뿐인 것이다.

漢字를 모르는 일이 무슨 자랑인가? 한글 世代이니까 云云하면서 모르는 일을 오히려 當然視하며 喜喜樂樂 安易하게 있을 일이 아닐 것이다. 彼岸의 火災를 求景하듯 袖手傍觀할 일이 아닌 것이다.

筆者의 말이 지나치다 여길 수도 있을 일이겠지만 民族이 自己民族의 根本文字인 漢字를 버리고 배우지 않으면서 벽창호의 白痴나 멍청이가 되어가는 마당에 말하기 거북하고 껄끄럽다 하여 잘 한다 잘 한다 하면서 듣기 좋은 德談이나 늘어놓고 있을 閑暇한 때가 아닌 것이다.

漢字를 버리고 한글 專用의 拙劣한 文字政策을 固守한 結果가 이 民族을 根本에서부터 숭두리채 不學無識의 無知沒覺을 誘導惹起시키고 머릿속에 白苔만이 하얗게 낀 民族으로 墮落시키고 있는 것이다. 그런 잘못된 結果가 百日下에 드러나고 被害가 온 누리를 덮고 있음에도 不拘하고 束手無策인 채 是正에 나서지 않는다면 이보다 더 어리석은 過誤가 없을 것이다. 千秋의 恨을 남기게 될 일일 것이다.

是正은 빠를수록 좋은 結果를 가져올 것이다. 事必歸正의 正道를 時急히 回復시켜야 民族의 밝은 未來를 展望하게 될 일일 것이다.

배부르고 등이 따뜻할 돈이면 그만이지 나에게 漢字文盲의 無識이 무슨 아랑곳할 일이겠는가 하면서 배우지 않겠다는 사람이야 어찌 할 道理가 없을 것이다.

그러나 社會에 寄與하고 有爲의 人物이 되고자 念願하고 指向하는 사람이나 國民의 稅金으로 祿을 먹고 살아가는 모든 사람들은 各己 職分에 符合되는 應分의 知識을 갖추고 있어야 할 일일 것이다. 各 職位에 符合될 應分의 知識이 蓄積되지 못한 사람이 오직 祿만을 축내겠다고 限死코 매달릴 性格이 아니기 때문이다.

有爲의 그런 사람이 되기 爲해서는 반드시 自己民族의 根本文字인 漢字를 배워 알고 있어야 옳은 것이다. 有益한 知識과 智慧가 充滿하고 蓄積되어 定着하고 있는 漢字를 배우지 않은 한글 水準의 얄팍한 識見으로 理致에 符合되지 않는 억지의 말을 함부로 주워 섬기고 시부렁거리면서

社會(사회)를 어지럽히고 混亂(혼란)스럽게 해서는 될 일이 아닐 것이다.

한글 水準(수준)의 人脈(인맥)이 엉겨 붙어 經營(경영)하는 社會(사회)도 그런대로 잘 굴러가고 있지 않은가 할 수도 있을 것이다. 混濁(혼탁)하고 混亂(혼란)의 도가니에 빠져 있는 그런 社會(사회)가 오죽하겠는가?

無知(무지)만이 充滿(충만)하고 있을 뿐 狂者(광자)가 널뛰듯 하는 混濁(혼탁)한 社會(사회)가 오죽할까만 智慧(지혜)가 없고 오직 動物的(동물적) 힘만을 앞세운 社會(사회)는 沙上樓閣(사상누각)의 危殆(위태)로움을 벗어날 수 없을 것이다.

自己(자기) 合理化(합리화)의 구차한 辨明(변명)을 늘어놓을 일이 아니라 此際(차제)에 前非(전비)를 뉘우치고 한글 專用(전용)의 文字政策(문자정책)이 저지른 잘못을 果敢(과감)히 是正(시정)하고 匡正(광정)하는 一大(일대) 決斷(결단)을 내려야 할 것이다.

邪惡(사악)한 人間(인간)이 어떤 詭辯(궤변)을 늘어놓고 斷末魔(단말마)의 發惡(발악)을 일삼는다 해도 이 民族(민족)이 쓰는 漢字(한자)는 이 民族(민족)의 根本文字(근본문자)이며 固有文字(고유문자)인 事實(사실)에 틀림이 없고 秋毫(추호)의 어그러짐이 없는 것이다. 漢字(한자)가 學校(학교)의 制度敎育(제도교육)으로 復元(복원)되어 漢字(한자)와 한글이 混合文(혼합문)으로 倂行(병행) 敎育(교육)되어야 할 課題(과제)는 이 民族(민족)

의 文字가 指向해야 할 必然의 命題이고 歸結이며 時代가 要求하는 潮流인 것이다.

뉘라서 敢히 時代가 要求하는 絶對的 命題인 이 潮流를 逆行하고 正義를 拒逆할 수 있을 일이겠는가? 오늘의 暗愚한 現實은 한글 專用의 文字政策에 原因이 있기 때문에 한글 專用의 文字政策을 是正하는 順理를 따라야 할 것이다. 그런 趣旨에서 民族의 覺醒이 뒤따라야 하고 是正에 나서야 할 當務者의 智慧와 炯眼이 要求되는 時點일 것이다. 斯案의 重大性에서 미루어 볼 때 먼저 是非의 論難이 大衆앞의 廣場으로 誘導되고 登場하여 是是非非의 曲折이 分明하게 糾明되고 가려져야 할 性質일 것이다.

人口에 膾炙되고 公論化될 必要가 있을 것이다. 民族의 審判臺에 올라 한글 專用의 文字政策이 저지른 過誤가 認定된다면 遲滯없이 事必歸正의 是正策으로 歸結되어 光明을 찾아야 할 일인 것이다.

내가 漢字를 배우지 않아 벽창호가 되고 멍청하니까 後代들인 어린 너희들도 따라 멍청해져야 한다면 그런 論理는 말도 되지 않을 것이다. 그런 發想은 危險千萬한 思考方式으로 語不成說의 터무니없는 妄發인 것이다. 次世代의 어린 棟樑들부터는 반드시 救濟되어야 하는 것이다.

人間을 살릴 宇宙에너지

•

지은이 / 채연석
발행인 / 김재엽
펴낸곳 / 한누리미디어
디자인 / 지선숙

•

121-840, 서울시 마포구 서교동 395-13 서원빌딩 2층
전화 / (02)379-4514, 379-4519
Fax / (02)379-4516
E-mail/hannury2003@hanmail.net

•

신고번호 / 제300-2006-61호
등록일 / 1993. 11. 4

•

초판발행일 / 2008년 8월 25일

•

•

값 12,000원

•

※잘못된 책은 바꿔드립니다.

•

ISBN 978-89-7969-315-7 03560